W0174173

**BASTEI
LÜBBE**
TASCHENBUCH

Mario Ludwig

Nicht jeder kann ein Kätzchen sein

Warum in der Natur die hässlichen
Tiere die Nase vorn haben

BASTEI
LÜBBE
TASCHENBUCH

BASTEI LÜBBE TASCHENBUCH
Band 60950

Dieser Titel ist auch als E-Book erschienen

Originalausgabe

Copyright © 2017 by Bastei Lübbe AG, Köln
Textredaktion: Friederike Haller, Berlin
Umschlaggestaltung: Tanja Østlyngen
Unter Verwendung eines Motives von © shutterstock/Ryan M. Bolton
Satz: two-up, Düsseldorf
Gesetzt aus der Minion
Druck und Verarbeitung: Appel & Klinger, Schneckenlohe
Printed in Germany
ISBN 978-3-404-60950-5

3   5   4   2

Sie finden uns im Internet unter www.luebbe.de
Bitte beachten Sie auch: www.lesejury.de

Inhaltsverzeichnis

Hässlich, aber erfolgreich

Nicht alle Tiere sind das personifizierte Kindchenschema und betören mit flauschigem Fell oder mit niedlichen Kulleraugen, nicht alle Tiere besitzen die imponierende Eleganz eines Königstigers oder die Majestät eines Steinadlers. Und obwohl Schönheit ja bekanntermaßen im Auge des Betrachters liegt, haben es manche Tierarten durchaus schwer, unsere Zuneigung zu erlangen. Zumindest rein optisch gesehen. Ihrem teilweise grotesken Aussehen zum Trotz stoßen vermeintlich unansehnliche Arten jedoch immer wieder auf großes Interesse. So wurde im Jahr 2013 der sogenannte Blobfisch (→ S. 119), ein Tiefseebewohner, zum hässlichsten Tier der Welt gewählt und wird seitdem häufiger gegoogelt als zum Beispiel Pseudoblennius percoides, sein wesentlich hübscherer Artverwandter. Gerade skurrile Tierarten sind oft wesentlich erfolgreicher und haben für uns Menschen einen deutlich größeren Unterhaltungswert als die normal aussehenden oder gar gut aussehenden. Und mitunter sind ihre Fähigkeiten und Eigenschaften genauso erstaunlich wie ihr Aussehen.

Zahlreichen Umfragen zufolge liegt der Nacktmull (→ S. 42) beispielsweise im Skurrilitäten-Ranking weit vorne und gilt nicht nur als das »hässlichste Säugetier überhaupt«, sondern kann auch mit einer äußerst ungewöhnlichen Konstitution punkten: Nacktmulle sind völlig schmerzunempfindlich, sie bekommen keinen Krebs und können ihre Nagezähne einzeln bewegen. Auch das soziale Miteinander ist – zumindest für Säugetiere – bemerkenswert: Nacktmulle bilden unterirdische Staaten, die von einer Königin regiert werden, die nicht nur ihre Untertanen massiv mobbt, sondern sich obendrein einen männlichen Harem hält.

Oder nehmen wir den Axolotl ($\rightarrow$ S. 143), einen mittelamerikanischen Lurch und ebenfalls nicht gerade eine Schönheit, der sein optisches Manko mit einer unglaublichen Regenerationsfähigkeit und dem Geheimnis ewiger Jugend wettmacht.

Manchmal sind es auch bestimmte Körperteile, die die Skurrilität eines Tieres ausmachen. So besitzt beispielsweise die Seegurke ein zahnbewehrtes Gesäß und der Schützenfisch eine körpereigene Wasserspritzpistole. Der Bombardierkäfer verfügt sogar über eine Kanone im Hintern. Höchst interessant ist auch der »Dracula der Meere«, der Vampirkrake, der in der Lage ist, Leuchtkugeln zu verschießen. Oder Bärtierchen, winzige Lebewesen, die aussehen wie mit Anabolika aufgepumpte, achtbeinige Gummibärchen, die Temperaturen jenseits von minus 260 Grad Celsius überstehen und sogar im Weltraum überleben.

Oder betrachten wir den amerikanischen Rotrückensalamander, der bei den Damen mit einem besonders gelungenen Kothäufchen Eindruck schinden will. Höchst interessant auch der Tigerschnegel, eine Schnecke, die Sex am Trapez bevorzugt. Außerdem wären da noch Zombieschaben, Hasselhoff-Krabben oder die berühmte Käsemilbe. Eine Liste, die sich nahezu beliebig fortsetzen lässt.

Und selbst der Mensch hat seinen eigenen Beitrag zu den skurrilsten Tieren der Welt geleistet: Einigen Gentechnikern ist es gelungen, Fische zu züchten, die nachts leuchten. Und wer den passenden Bausatz im Internet kauft, kann zu Hause eine stinknormale Kakerlake in einen Cyborg verwandeln.

Übrigens: Sogar Wissenschaftler, so eine brandneue Studie der australischen Murdoch University, fallen auf optische Reize herein und widmen sich lieber Arten, die kuschelig oder anmutig aussehen, als solchen, die, um es vorsichtig zu formulieren, wenig »attraktiv« sind. Will heißen: Panda oder Koala werden mit deutlich größerer Intensität erforscht als Tüpfelhyäne oder Ochsenfrosch.

Dabei haben auch sie, wie bereits erwähnt, aus den unterschiedlichsten Gründen unsere volle Aufmerksamkeit verdient. Und genau deshalb sollen sie in diesem Buch einmal etwas genauer vorgestellt werden: die hässlichen, die skurrilen, aber auch die nur vermeintlich »langweiligen« Arten. Arten, die uns das Tierreich in einem völlig neuen Licht erscheinen lassen. Faszination ist schließlich oft eine Frage des Standpunkts. Apropos Standpunkt: Die tierischen B-Promis werden nach Wohngebiet vorgestellt. Aufgrund der Artenvielfalt oder Art des Lebensraums kann dieses natürlich manchmal größer ausfallen, was die Trennschärfe etwas verwässert. In diesen Fällen wurden besonders häufige Aufkommensorte gewählt.

EUROPA

- Bartgeier
- Bombardierkäfer
- Tigerschnegel
- Käsemilbe
- Gletscherfloh
- Schiffsbohrwurm
- Bärtierchen

Ein schwuler Kidnapper? (Bartgeier)

Geier haben einen schlechten Ruf, was hauptsächlich mit den doch ziemlich unappetitlichen Ernährungsgewohnheiten der Vögel zusammenhängt. Geier sind Leichenfledderer, die sich als klassische Aasfresser vor allem von toten Tieren ernähren. Kein Wunder, dass sie in vielen Kulturen als Symbol von Tod und Verfall gelten. Und auch rein optisch erzielen Geier, die immer etwas räudig aussehen, kaum Sympathiepunkte. So beschrieb der wohl berühmteste amerikanische Schriftsteller des 19. Jahrhunderts, Mark Twain, einen Geier wie folgt: »Kahl, rot, seltsam geformter Kopf, federlose Stellen hier und da am Körper, intensive, große, schwarze Augen mit ungefiederten Rändern aus entzündetem Fleisch.«

Die europäischen Bartgeier litten außerdem unter dem Irrglauben, dass es sich bei den riesigen Vögeln um blutrünstige Bestien handle, die junge Schafe und sogar kleine Kinder raubten. Ein Verdacht, der dazu führte, dass man die übelbeleumdeten Vögel im Volksmund »Lämmergeier« nannte. Vor allem im Alpenraum zirkulierten noch im 19. Jahrhundert reichlich Schauergeschichten von Bartgeiern, die kleine Kinder vor den Augen ihrer Eltern gekidnappt, zum hoch in den Felsen gelegenen Nest getragen und dort an ihren Nachwuchs verfüttert haben sollen.

Geschichten, an deren Wahrheitsgehalt selbst zeitgenössische Wissenschaftler fest und lange glaubten. So behauptete etwa der damalige Leiter der Zoologischen Staatssammlung

München, Gotthilf Heinrich von Schubert, 1834 in seinem *Lehrbuch der Naturgeschichte für Schulen und zum Selbstunterricht*: »Der Geier raubt auch manchmal kleine Kinder, und ein Bauer, der einem, der ihm sein sechsjähriges Mädchen weggetragen hatte, mit Lebensgefahr nachgeklettert war auf seinen Felsenhorst, konnte das arme Kind doch nicht mehr retten, sondern es starb nach wenigen Stunden an den Misshandlungen des jungen Geiers.«

Klar, dass bei einem derart schlechten Leumund Bartgeier bereits zu Beginn des 20. Jahrhunderts in den Alpen ausgerottet wurden. Mit viel Mühe konnten sie inzwischen zwar wiederangesiedelt werden, doch der heutige Bestand von rund einhundert Brutpaaren ist durchaus noch ausbaufähig.

Dabei handelt es sich bei den Storys von Kindesraub um hanebüchenen Unsinn. Zum einen ist ein Kind viel zu schwer, um von einem Bartgeier »weggetragen« zu werden, und zum anderen sind Bartgeier fast reine Aasfresser, die sich vor allem von den Knochen toter Tiere ernähren. Mit einer kleinen, aber höchst interessanten Ausnahme. Im Mittelmeerraum haben sich Bartgeier auf Landschildkröten als Nahrung spezialisiert. Die schleppen die Vögel tatsächlich in die Luft und lassen sie dann, um den harten Panzer der Reptilien zu knacken, einfach aus großer Höhe auf Felsen fallen. Ein Verhalten, dem Gerüchten nach auch der griechische Tragödiendichter Aischylos 456 v. Chr. auf Sizilien zum Opfer gefallen sein soll. Der Legende nach starb der Künstler nämlich durch eine herabfallende Schildkröte. Offensichtlich hatte ein Bartgeier die Glatze des Dichters mit einem Felsen verwechselt und als sogenannte Knochenschmiede genutzt …

In Sachen Sex sind Bartgeier ebenfalls höchst interessante Tiere. Die großen Vögel sind nämlich – legt man menschliche Maßstäbe an – äußerst tolerant, was den Sexualpartner angeht. Ihnen ist es egal, welches Geschlecht der Liebesgefährte hat. So besteht bei den größten Greifvögeln Europas rund ein Drittel aller Partnerschaften nicht aus einer Zweierbeziehung, sondern aus einer »Ménage à trois«, in der zwei Geierherren nicht nur mit einer gemeinsamen Geierdame Sex haben, sondern oftmals zusätzlich eine homosexuelle Beziehung miteinander eingehen. Ein Beziehungsgeflecht, das dem Nachwuchs zugutekommt, weil sich alle drei Partner gemeinsam um Brutgeschäft und Aufzucht der Jungen kümmern. Patchwork von seiner besten Seite!

Kanone im Hintern (Bombardierkäfer)

Über die wahrscheinlich ungewöhnlichste, aber auch effektivste Defensivwaffe im Tierreich verfügt der Bombardierkäfer. Der Name ist Programm: Dieses Krabbeltier hat, man glaubt es kaum, eine Kanone im Hintern. Und was für eine! Es handelt sich um eine echte Multifunktionswaffe, die nicht nur mit einem lauten Knall feuert, sondern auch noch eine bis zu hundert Grad heiße und obendrein ätzende und fies riechende Flüssigkeit versprüht.

Sieht sich ein Bombardierkäfer, bei dem übrigens schon der wissenschaftliche Name Brachinus explodens auf seine speziellen Fähigkeiten hinweist, durch einen Fressfeind bedroht, richtet er seinen Hinterleib auf den Aggressor. Ist das Ziel erfasst, wird zum Abschuss des körpereigenen Geschützes ein ziemlich komplizierter chemischer Vorgang in Gang gesetzt. Zunächst produziert der Bombardierkäfer in zwei in den After mündenden Drüsen die beiden chemisch äußerst reaktiven Substanzen Hydrochinon und Wasserstoffperoxid. Diese beiden Stoffe reagieren in einer sogenannten Explosionskammer ziemlich heftig mit den Enzymen Peroxidase und Katalase. So heftig, dass dabei jede Menge Wärme frei wird und die im Reaktionsprozess entstandenen Benzochinone und der ebenfalls gebildete Wasserdampf mit gewaltigem Druck durch eine Spezialdüse nach außen geschleudert werden. Die Reichweite des körpereigenen Geschützes ist dabei mit über zwanzig Zentimetern exorbitant. Vor allem, wenn man bedenkt, dass der

Bombardierkäfer selbst es gerade mal auf eine Größe von 1,5 Zentimetern bringt.

Bei der Kanone im Hintern handelt es sich übrigens um eine Schnellfeuerwaffe, die bei hartnäckigen Verfolgern, wie etwa einer Kröte, auch mal auf Dauerfeuer eingestellt werden kann. Möglich macht dies ein ausreichender Chemikalienvorrat im Inneren des Käfers, der bis zu zwanzigmal sofortiges Nachladen erlaubt. Die Feuergeschwindigkeit reguliert der Bombardierkäfer durch ein blitzartiges Zusammenziehen und Entspannen einer Membran, die sich im Explosionsapparat befindet.

Überdies ist die Kanone schwenkbar. Ein extrem beweglicher Hinterleib erlaubt es dem Bombardierkäfer, in nahezu alle Richtungen zu feuern, ohne die eigene Position zu verändern. Dank einer kleinen anatomischen Besonderheit sind sogar Schüsse um die Ecke möglich. Unmittelbar neben der Spritzdrüse befindet sich nämlich, sowohl auf der rechten als auch auf der linken Seite, ein kleiner scheibenförmiger Reflektorschild, mit dem der Bombardierkäfer seinen Spritzstrahl leicht in die gewünschte Richtung umlenken kann.

Bei solchen armierungstechnischen Raffinessen ist es kein Wunder, dass die Hinterleibskanone des Bombardierkäfers das Interesse der Wissenschaft weckt und längst Einzug in die Bionik gehalten hat: So entwickelten schweizer Wissenschaftler nach dem Vorbild des Explosionsapparates des kleinen Käfers eine raffinierte Schutzfolie, die aus winzigen kleinen Kammern besteht, die abwechselnd mit Wasserstoffperoxid und Mangandioxid befüllt sind. Wird die Folie beschädigt oder gar zerstört, mischen sich die beiden äußerst reaktionsfreudigen Chemikalien, und es bildet sich ein heißer, ätzender Schaum. Mit der »Bombardierkäferfolie« können Geldkassetten und andere wertvolle Behälter vor unerlaubtem Zugriff geschützt werden.

Seit einigen Jahren treibt sich der Bombardierkäfer sogar in der Weltraumforschung herum. Raumfahrtingenieure des Bremer Zentrums für angewandte Raumfahrttechnologie und Mikrogravitation tüftelten nämlich nach Vorbild der Bombardierkäferkanone einen Raketenantrieb aus. Da sieht man mal, was man mit einem gut ausgestatteten Hinterteil im Leben alles erreichen kann.

Eine Luftnummer (Tigerschnegel)

Schneckensex ist entsetzlich langsam und langweilig – wer das behauptet, kennt den Tigerschnegel nicht! Die Fortpflanzung dieser etwa zwölf Zentimeter großen Nacktschnecken findet nämlich ziemlich untypisch für Schnecken in der Luft statt. Und hier zeigt der Tigerschnegel Fähigkeiten, mit denen er als Luftseilakrobat im Zirkus sofort sein Publikum finden würde.

Seinen Namen verdankt der Tigerschnegel seinem Raubtierlook, da der Körper des Weichtiers meist mit charakteristischen schwarzen Längsstreifen versehen ist. Manchmal kommt so ein Tigerschnegel allerdings auch getupft daher, eine Eigenschaft, die ihm seinen englischen Namen *leopard slug* (= Leopardennacktschnecke) eingebracht hat.

Bei uns in Deutschland ist der Tigerschnegel vor allem in Parks, Gärten und auf Friedhöfen zu finden. Wie alle an Land lebenden Schnecken sind auch sie Hermaphroditen, also weder Männchen noch Weibchen, sondern »beides« und mit beiderlei Geschlechtsorganen ausgestattet. Treffen zwei Tigerschnegel aufeinander, kommt es zunächst einmal zu einem ziemlich außergewöhnlichen Vorspiel, einer ritualisierten Verfolgungsjagd, die ein Tigerschnegelexperte einmal wie folgt beschrieben hat: »Die jagen sich wie die Eichhörnchen, nur halt im Schneckentempo.«

Geradezu spektakulär wird es aber dann, wenn es »richtig« zur Sache geht. Die beiden Sexualpartner in spe klettern dazu nämlich in luftige Höhen und suchen sich einen geeigneten Platz wie etwa einen Ast oder einen Mauervorsprung. Von dort seilen sich beide mittels eines selbst produzierten Schleimfadens etwa einen halben Meter ab, um dann frei baumelnd den eigentlichen Akt auszuführen. Dazu umschlingen sich die Schnegel mit ihren Körpern und bilden mit ihren Penissen eine »blumige Struktur«, in der der Austausch der Samenpakete, der sogenannten Spermatophoren, stattfindet. Das ganze Prozedere erinnert stark an eine Trapeznummer im Zirkus.

Apropos, wenn es bei Fortpflanzungsorganen tatsächlich auf die Länge ankommt, dann steht der Tigerschnegel nicht gerade schlecht da. Vor allem, wenn man die Penislänge in Relation zur Körperlänge setzt. Bei einer Körperlänge von rund zwölf Zentimetern erreicht sein Geschlechtsorgan nämlich stolze fünf Zentimeter – also fast die Hälfte seiner Körperlänge. Wenn ein Mensch da mithalten wollte, müsste er eine Penislänge von sechzig bis achtzig Zentimeter aufweisen können!

Nach dem Sex trennen sich die Wege der beiden Sexualpartner noch in der Luft. Ein Schnegel kriecht am Schleimfaden wieder hoch und frisst diesen teilweise auf – man will schließlich keine wertvollen Ressourcen verschwenden. Der zweite Tigerschnegel lässt sich einfach auf den Boden fallen.

Warum der Tigerschnegelsex in der Luft und nicht wie bei anderen Schnecken am Boden stattfindet, konnte bisher noch nicht geklärt werden.

Wenn der Partner fehlt, kann sich ein Tigerschnegel übrigens auch mal selbst befruchten. Eine Tatsache, die möglicherweise damit zusammenhängt, dass Tigerschnegel nicht gerade häufig vorkommen. Da ist Selbstbefruchtung manchmal die einzige Möglichkeit, die Art zu erhalten.

Milbenkäse (Käsemilbe)

Die kleinsten Käsehersteller der Welt leben in Sachsen-Anhalt, sind gerade mal 0,3 Millimeter groß und hören auf den wissenschaftlichen Namen Tyroglyphus casei. Käsemilben, die bei der Produktion des sogenannten »Würchwitzer Milbenkäse« einen wichtigen Beitrag leisten. Nicht etwa, dass, wie der Name suggeriert, die winzigen Milben gemolken und deren Milch dann zu Käse verarbeitet würde. Nein, Milbenkäse wird, wie die meisten anderen Käsesorten auch, aus Kuhmilch hergestellt. Allerdings mit dem kleinen, aber feinen Unterschied, dass man zur Reifung des Käses nicht wie sonst üblich Bakterien oder Schimmelpilze verwendet, sondern eben Milben.

Um den durchaus gewöhnungsbedürftigen Käse herzustellen, wird zunächst ein ausgiebig entwässerter und für ein paar Tage bei niedrigen Temperaturen getrockneter Labquark mit Salz und Kümmel gewürzt. Anschließend wird der Käse zu kleinen Stangen oder Kugeln geformt und mehrere Monate lang in einer Kiste gelagert, in der bereits mehrere Millionen Käsemilben warten, die den Käse reifen lassen sollen. Eine Aufgabe, der die Milben auf eine nicht gerade besonders appetitliche Art und Weise nachkommen. Es sind nämlich der Kot und der Speichel der kleinen Krabbeltiere, der den Käse zur Reife bringt und ihm sein spezielles Aroma verpasst. Zur zusätzlichen Ernährung der Milben gibt man Roggenmehl zu, das verhindert, dass die Milben den Käse selbst allzu stark abfressen.

Übrigens futtern die Milben nicht nur Käse und Roggenmehl, sondern betätigen sich ab und an auch non-vegetarisch, ja sogar kannibalistisch: Tote Artgenossen werden nämlich genauso gern verspeist.

Nach rund drei Monaten Milbenbehandlung ist der Käse ausgereift und kann verzehrt werden. Wie man ihn genießt, kommt auf die persönliche Vorliebe – und den persönlichen Mut – an. Die meisten Konsumenten essen den Käse zusammen mit den Milben. Weniger wagemutige kratzen die Tierchen vor dem Verzehr lieber ab. Und wer ganz hartgesotten ist, nutzt allein die Milben als leckeren Brotaufstrich.

Zu Beginn des Käsemilbenkonsums gab es wegen der Hygiene natürlich heftige Bedenken. Lebendige und tote Milben zu essen – ist das nicht schrecklich ungesund? Allerdings konnten im Milbenkäse bei Untersuchungen des Biologisch-Chemischen Instituts Hoppegarten keinerlei schädliche Keime gefunden werden, sodass einer Zulassung der Käsemilbenherstellung durch die zuständige Lebensmittelüberwachungsbehörde nichts mehr im Wege stand.

Preiswert ist das Vergnügen, sich an der exotischen Speise delektieren zu dürfen, allerdings nicht gerade. Für gerade mal hundert Gramm normalen Milbenkäse muss man mit einem Preis von sechs Euro rechnen. Für die gleiche Menge der Premiumversion, die sogenannte »Würchwitzer Himmelsscheibe«, ein halbes Jahr in Milben gereifter Ziegenkäse, muss man stolze zehn Euro berappen.

Milbenkäse ist jedoch keineswegs ein neumodischer Firlefanz irgendwelcher Gourmetfreaks, sondern hat im Osten Deutschlands eine lange Tradition, die im letzten Jahrhundert mehr und mehr in Vergessenheit geriet. Anfang der 1990er-Jahre belebte schließlich ein in Würchwitz ansässiger Biologie-

und Chemielehrer das traditionelle Verfahren der Milbenkäseproduktion wieder und machte den Käse weit über die Grenzen von Würchwitz hinaus bekannt.

So kommt es, dass die Würchwitzer Käsemilbe wahrscheinlich die einzige Milbe weltweit ist, die man mit einem Denkmal geehrt hat. Und mit was für einem: Vor einigen Jahren errichteten die Würchwitzer zu Ehren ihrer Käsemilbe mitten im Dorfzentrum ein übermannsgroßes und immerhin 3,5 Tonnen schweres Denkmal aus feinstem weißem Carraramarmor. Und nicht nur das: Das Milbendenkmal ist das erste riechende Denkmal der Welt. In einer kleinen Aushöhlung an der Rückseite ist stets ein kleines Stückchen Milbenkäse deponiert. So kann sich der geneigte Besucher bei der Besichtigung des Denkmals gleich einen Eindruck vom Geruch der Würchwitzer Spezialität verschaffen.

Und wie schmeckt so ein Milbenkäse? Ein Käseexperte hat das einmal wie folgt beschrieben: »Sehr herb, mit leichten Bitternoten am Gaumen. Die Ausscheidungen der Milben verleihen der Rinde eine an verdünnten Honig erinnernde Süße, die dazu einen schönen Kontrast bildet.« Na bitte, klingt doch überzeugend.

Falscher Floh mit eingebautem Frostschutzmittel (Gletscherfloh)

Der Gletscherfloh mag es gern kalt. Sehr kalt, um genau zu sein. Damit ist er das einzige insektenähnliche Tier, das sich ganzjährig in der lebensfeindlichen Welt eines Gletschers herumtreibt. Allerdings handelt es sich beim Gletscherfloh nur dem Namen nach um einen »echten« Floh wie etwa den Hunde-, Katzen- oder Menschenfloh – alles Flöhe, die sich vom Blut ihrer Opfer ernähren. Der Gletscherfloh hingegen mag es rein vegan und gehört zu einer Familie der Sechsfüßer, den sogenannten Springschwänzen. Die systematische Stellung der Springschwänze ist umstritten. Heute werden die »insektenähnlichen«, da sechsbeinigen Tiere eher der Gruppe der Sackkiefler, also den Urinsekten, zugeordnet.

Seinen Namen verdankt das Mini-Tier der Tatsache, dass es über eine fast ebenso große Sprungkraft verfügt wie seine blutsaugenden Namensvettern. Dafür sorgt eine zweizackige Sprunggabel, die die gerade mal 1,5 Millimeter großen Geschöpfe an einem Gelenk unter dem Bauch tragen und mit der sie sich bei Gefahr dank einer kräftigen Muskulatur ähnlich wie ein Stabhochspringer hoch in die Luft katapultieren können.

Seinem Lebensraum angepasst, ist der Gletscherfloh ein Experte in Sachen Kälte. Minus 16 Grad Celsius, in Ausnahmefällen sogar kurzfristig bis minus 25 Grad Celsius, stellen für ihn kein unlösbares Problem dar. Im Laufe der Evolution haben Gletscherflöhe nämlich verschiedene Mechanismen entwickelt, mit denen sich die eiskalten Temperaturen gut ertragen lassen.

Das fängt mit der Bildung von sogenannten »Antifreeze«-Proteinen an. Das sind hochmolekulare Proteine, in die die bei niedrigen Temperaturen im Körper entstehenden Eiskristalle regelrecht eingepackt werden. Auf diese Weise erstickt der Gletscherfloh eine Eiskristallbildung bereits im Keim. Daneben produzieren die kleinen Springschwänze ihr körpereigenes Frostschutzmittel, indem sie ihre Körperflüssigkeit mit Zuckern und Alkoholen anreichern, was den Gefrierpunkt massiv herabsetzt. Und wenn es richtig kalt wird, haben die kleinen Sprungkünstler noch einen dritten Pfeil im Köcher: Sie entleeren einfach sowohl ihren Magen als auch ihren Darm. Und wo keine Nahrungs- bzw. Kotbestandteile mehr sind, können sich auch keine Eiskristalle anlagern.

Ungemütlich, ja manchmal sogar lebensbedrohlich wird es für die kleinen Eisbewohner im Sommer, wenn selbst auf den alpinen Gletschern die Temperaturen deutlich nach oben klettern. Temperaturen jenseits der Zwölf-Grad-Marke sind für Gletscherflöhe tödlich. Durch den Temperaturanstieg wird nämlich zum einen der Sauerstoffbedarf der Gletscherflöhe massiv erhöht, und zum anderen kommt das für die Atmung verantwortliche und speziell an tiefe Temperaturen angepasste Enzymsystem der Tiere relativ schnell an seine Leistungsgrenze. Während wir unsere Mützen vorsichtig vom Kopf ziehen, droht dem Gletscherfloh bereits der Hitzschlag.

Erstaunlicherweise gibt es auf dem rein aus Eis bestehenden Gletscher für den streng vegan lebenden Gletscherfloh genügend zu futtern. Dafür sorgen starke alpine Winde, die mit schöner Regelmäßigkeit Blütenpollen, Algen und Pflanzenreste aus den tiefer gelegenen Regionen hinaufwehen. Ein Nahrungssammelsurium, mit dem sich die Gletscherflöhe durchaus ausreichend den Bauch vollhauen können.

Um die Zukunft des Gletscherflohs ist es allerdings nicht allzu gut bestellt. Nach Ansicht vieler Experten werden, bedingt durch die globale Erwärmung, bis ins Jahr 2050 rund 75 Prozent der heute noch in den Alpen vorhandenen Gletscher verschwunden sein. Weitere fünfzig Jahre später wird es überhaupt keine Gletscher mehr geben. Das wäre das Ende der kleinen kälteresistenten Geschöpfe, da ihnen ihr Lebensraum im wahrsten Sinne des Wortes unter der Sprunggabel weggetaut wäre. Wer also – falls diese Prognosen zutreffend sind – im Jahr 2100 noch einen Gletscherfloh antreffen will, der muss höher hinauf und sich in den Himalaya begeben. Dort lebt nämlich ein naher Verwandter unseres europäischen Gletscherflohs, der auf den schönen, aber etwas automobillastigen wissenschaftlichen Namen Isotoma mazda hört.

Der Schiffeversenker (Schiffsbohrwurm)

Wenn es darum geht, Schiffe zu versenken, dann ist es nicht die US-Navy, sondern ein kleines Tier, das ganz weit vorne liegt. Denn der Schiffsbohrwurm hat im Laufe der Geschichte mehr Schiffe versenkt als jede Kriegsmarine der Welt.

Zunächst einmal gilt es allerdings festzuhalten, dass es sich beim Schiffsbohrwurm trotz seines Namens um keinen Wurm, sondern um eine Muschel handelt. Ein Irrtum, der bei genauerer Betrachtungsweise durchaus verständlich wird: Die knapp fingerdicken und etwa bleistiftlangen Tiere ähneln nur in jungen Jahren einer klassischen Muschel mit ihren beiden typischen schützenden Schalen. Bei den erwachsenen, rund zwanzig Zentimeter langen Tieren sind die Schalen dagegen zu zwei scharfen, kleinen Platten geschrumpft.

Und genau diese beiden Miniplatten nutzt der Schiffsbohrwurm als überaus wirkungsvolles Bohrgerät, um sich tief in Hölzer aller Art zu bohren und sie siebartig zu durchlöchern. Auf diese Weise sind dem Schiffsbohrwurm in der Vergangenheit nicht nur unzählige Holzschiffe, sondern auch hölzerne Stege, Seewehre und Deichtore zum Opfer gefallen.

Allerdings vergreift sich der Schiffsbohrwurm an seiner hölzernen Beute keineswegs aus purer Boshaftigkeit. Nein, es ist der blanke Hunger, der ihn zu seinem zerstörerischen Handeln treibt. Der Schiffsbohrwurm ernährt sich nämlich ausschließlich von Zellulose. Und um an die ranzukommen, raspelt die kleine Muschel mithilfe ihrer Schalenklappen, die als eine Art

Bio-Fräse fungieren, tiefe Gänge in das Holz. Das abgeraspelte Bohrmehl wird von der Muschel aufgenommen und die im Mehl enthaltene Zellulose von Bakterien, die mit der kleinen Muschel in Symbiose leben, in leicht verdauliche Zucker aufgespalten.

Und nicht nur die erwachsenen Tiere, sondern auch die frei lebenden Larven des Schiffsbohrwurms befallen das Holz. Deshalb geht die größte Gefahr vom Schiffsbohrwurm im Sommer aus, wenn die erwachsenen Tiere in Abständen von wenigen Wochen mehrmals Millionen von winzigen Larven ins Wasser ausstoßen, die rund 25 Tage durchs Meer schweben. In dieser Zeit bekommt der Nachwuchs mächtig Appetit auf leckeres Holz. Haben die Larven erst einmal Witterung aufgenommen, paddeln sie sofort ihrer hölzernen Beute entgegen, um sich an deren Oberfläche zu heften und sich zu erwachsenen Tieren zu entwickeln.

Der Mensch kennt den Schiffsbohrwurm übrigens schon lang: Kurz nachdem der Homo Sapiens damit begann, Boote, Brücken oder Stege aus Holz zu bauen, kreuzten sich seine Wege mit denen des Schiffsbohrwurms, denn natürlich wurden diese hölzernen Strukturen von den Tieren sofort als hochwillkommene Futterquelle angenommen.

Um ihre seetauglichen Schiffe vor den holzhungrigen Muscheln zu schützen, verwendeten bereits ägyptische Schiffsbauer der Antike einen Spezialanstrich für die Rümpfe. Und auch die gewaltigen Kriegsgaleeren der römischen Cäsaren hatten, folgt man zeitgenössischen Historikern, gewaltig unter dem Schiffsbohrwurm zu leiden. Ein ähnliches Schicksal erlitt Amerikaentdecker Christoph Columbus, der auf seiner vierten Amerikareise die Karavelle »Vizcaína« an die gefräßige Muschel verlor.

Man glaubt es kaum, aber sehr wahrscheinlich beeinflusste der Schiffsbohrwurm einmal sogar ziemlich nachhaltig die Weltpolitik. Die entscheidende Seeschlacht zwischen der spanischen und der englischen Flotte im Jahre 1588 vor der englischen Küste hätte möglicherweise nicht mit einer Niederlage der spanischen Flotte geendet, wären die Schiffe der gefürchteten Spanischen Armada während ihrer langen Liegezeit in Portugal und Frankreich nicht vom Schiffsbohrwurm massiv angeknabbert worden.

Doch nicht nur Schiffe, sondern auch andere hölzerne Strukturen fielen dem Schiffsbohrwurm zum Opfer. So brachen 1731 in Holland während einer Sturmflut die Deichtore, weil sie zuvor von den Muscheln massiv zerfressen worden waren. Eine landesweite Überflutungskatastrophe war die Folge, bei der mehrere Hundert Menschen ihr Leben verloren.

1920 richteten Schiffsbohrwürmer in der Bucht von San Franzisco an Kaianlagen einen Schaden in Höhe von damals unglaublichen neunhundert Millionen Dollar an.

Dank stählerner Rümpfe haben die »Termiten der Meere« ihren Schrecken für die Schifffahrt heute weitgehend verloren. Gleiches gilt für die sogenannten Buhnen, die Küstenbefestigungsanlagen in Nord- und Ostsee, die auch heute noch aus Holz bestehen, da sich Stahlbuhnen in der Praxis nicht bewährt haben. In der Vergangenheit wurden sie schwer geschädigt und mussten permanent erneuert werden. Um den gefräßigen Muscheln Einhalt zu gebieten, setzt man beim Buhnenbau seit rund fünfzehn Jahren deshalb auf Tropenholz, da der Schiffsbohrwurm aufgrund der enormen Härte dieser Hölzer nur die äußeren Schichten befällt, nicht aber in den harten Kern des Holzes vordringen kann.

Bären im Weltall (Bärtierchen)

Wenn man sie unter dem Mikroskop betrachtet, haben Bärtierchen, zumindest rein äußerlich gesehen, eine gewisse Ähnlichkeit mit richtigen Bären. Die winzigen, lediglich einen Millimeter großen Tiere erinnern mit ihrem tonnenförmigen Körper,
ihren stummelartigen Beinen und ihrer etwas tapsig wirkenden Fortbewegungsweise in der Tat an einen Miniatur-Bären.
Damit ist aber schon Schluss mit den Gemeinsamkeiten.

Bärtierchen, die von Fachleuten zur relativ primitiven Gruppe der sogenannten Häutungstiere gerechnet werden, verfügen
nämlich über Eigenschaften, von denen Braunbär und Co. nur
träumen können. Beispielsweise gelingt es ihnen locker, während des arktischen Winters mehrere Monate im Eis eingefro-
ren zu überleben. Unter Laborbedingungen setzen sie sogar
noch einen drauf: In flüssiger Luft überlebten die unverwüst-
lichen Tiere stolze zwanzig Monate lang bei unglaublichen
minus 194 Grad Celsius. Diese Fähigkeit, auch mit gewaltigen
Minustemperaturen klarzukommen, erlaubt es den kleinen
Überlebenskünstlern, mit Ausnahme von Wüsten nahezu alle
Lebensräume unserer Welt zu besiedeln. Und so findet man
Bärtierchen auf allen Kontinenten, auf den Gipfeln des Himalayas, in Arktis und Antarktis und sogar in der Tiefsee.

Sowohl eine europäische als auch eine amerikanische Welt-
raummission, bei der Bärtierchen als Versuchstiere mit an
Bord waren, zeigten, dass den widerstandsfähigen Tieren nicht
einmal die extrem lebensfeindlichen Bedingungen des Weltalls

(extreme Kälte, Sauerstoffmangel, kosmische Strahlung) etwas anhaben konnten. Und das ganz ohne schützenden Raumanzug.

Ihre unglaubliche Überlebensfähigkeit verdanken Bärtierchen einer genialen und im Tierreich einzigartigen Fähigkeit. Wenn sich ihre Umweltbedingungen verschlechtern, lassen sie sich einfach in den sogenannten Kryptobiosezustand fallen. Eine Art Extrem-Winterschlaf oder, wenn man so will, »Tod light«. Um diesen Zustand zu erreichen, ziehen die Tierchen ihre Beinchen ein, rollen sich tonnenförmig zusammen und reduzieren ihren Wassergehalt von 86 auf gerade mal drei Prozent. Mit der Folge, dass die Tiere genau genommen klinisch tot sind, da unter solchen Bedingungen ihr Stoffwechsel vollständig zum Erliegen kommt. In diesem Zustand können Bärtierchen bis zu dreißig Jahre unbeschadet überdauern.

Sobald sich die Umweltverhältnisse zum Besseren wenden, erwachen die skurrilen Tierchen innerhalb von fünf Minuten aus der Trockenstarre und sind, nachdem sie reichlich Wasser aufgenommen haben, sofort wieder stoffwechsel- und sogar fortpflanzungsfähig und nehmen aktiv am Leben teil.

Und Bärtierchen können mit einem weiteren Weltrekord aufwarten: Mit erstaunlichen 17 Prozent tragen sie mehr fremde DNA in ihrem Erbgut als jedes andere Tier. Und genau hier sieht die Wissenschaft den Zusammenhang mit der überragenden Überlebensfähigkeit der Bärtierchen. Der Löwenanteil der fremden Gene stammt nämlich von Bakterien – Organismen, die schon seit Millionen und Abermillionen Jahren die extremsten Lebensräume der Erde erfolgreich besiedeln.

AFRIKA

- Fingertier
- Nebeltrinkkäfer
- Nacktmull
- Marabu
- Mähnenratte
- Erdferkel
- Tüpfelhyäne
- Krokodile
- Seekuh
- Hammerhai

Der aufheizbare Mittelfinger (Fingertier)

Egal ob bei Umfragen im Internet oder unter Zoobesuchern: Wenn es um das hässlichste Tier der Welt geht, landet das Fingertier oder Aye-Aye, wie es in seiner madagassischen Heimat genannt wird, regelmäßig in den Top Ten. Eine Tatsache, die relativ leicht nachzuvollziehen ist, wenn man den katzengroßen Halbaffen etwas genauer unter die Lupe nimmt. In der Tat ähnelt ein Fingertier mit seinen großen gelbgrünen Augen, dem struppigen Fell, den hervorstehenden Schneidezähnen und den langen, dünnen, stöckchenartigen Fingern mehr E.T. als einem »normalen« Halbaffen.

Doch nicht allein die gewöhnungsbedürftige Optik des Fingertieres führt dazu, dass es sich in seiner Heimat Madagaskar bei der traditionell sehr abergläubischen Bevölkerung nicht gerade großer Beliebtheit erfreut. Die glaubt nämlich, dass eine Begegnung mit dem seltsam aussehenden Wesen den Tod oder zumindest ein großes Unglück nach sich zieht. Noch in den 1960er-Jahren wurde Fingertieren in einigen Landesteilen sogar nachgesagt, sie seien Menschenfresser, weshalb man sein Dorf nachts besser nicht verlassen sollte.

Für Zoologen dagegen ist das Fingertier trotz vermeintlicher Hässlichkeit und üblem Leumund eines der interessantesten und zugleich skurrilsten Tiere überhaupt. Das hängt vor allem mit seiner Nahrungsaufnahme zusammen. Bei der kommen nämlich die langen Finger zum Einsatz, denen das Fingertier seinen Namen verdankt, genauer gesagt dem außerordentlich

langen Mittelfinger der Tiere. Mit dem klopft das Tier sorgfältig und systematisch die Borke von Bäumen ab, um mithilfe seines ausgezeichneten Gehörs am Klanggeräusch festzustellen, ob sich unter der Rinde ein Hohlraum befindet, in dem möglicherweise eine fette Made oder ein leckerer Käfer sitzen. Hat das Fingertier solch einen Hohlraum entdeckt, nagt es zunächst mit seinen spitzen Schneidezähnen ein kleines Loch in die Rinde, bevor es ganz bequem mit ebendiesem langen Mittelfinger Maden und andere kulinarische Köstlichkeiten daraus hervorpult.

Doch damit nicht genug: Mithilfe von Wärmebildkameras haben Wissenschaftler herausgefunden, dass Fingertiere ihren Mittelfinger um bis zu sechs Grad Celsius aufheizen können, was ihn offensichtlich sowohl beweglicher als auch empfindlicher macht. Und mit einem beweglicheren und sensibleren

Finger ist man bei der Madenpulerei natürlich klar im Vorteil. Ist der Hunger gestillt, lässt das Fingertier seinen Mittelfinger übrigens sofort wieder abkühlen. Schließlich muss auch ein Fingertier mit seiner Energie haushalten.

Mit dieser überaus ungewöhnlichen »Madenfangstrategie« besetzt das Fingertier auf Madagaskar genau die ökologische Nische, die in Europa und Nordamerika Spechten vorbehalten ist. Auch die suchen unter der Rinde nach fetten Maden, wenn auch nicht mit den Fingern, so doch mit ihrem meißelartigen Schnabel.

Nebenbei: Den seltsamen Namen Aye-Aye bekam das Fingertier von den madagassischen Ureinwohnern aufgrund des zweisilbigen »Hai-hai«-Rufes verliehen, den das Tier auf der Flucht bzw. bei Gefahr ausstößt.

Wenn Sie also demnächst einmal dabei erwischt werden sollten, wie Sie mit dem Finger in der Nase bohren, verweisen Sie doch einfach auf die erfolgreiche Jagdstrategie des Fingertieres.

Der Kopfstandkäfer (Nebeltrinkkäfer)

Die Namibwüste im südwestlichen Afrika ist einer der lebens-feindlichsten Orte der Welt. Im trockensten Teil dieser Wüste regnet es im Schnitt gerade einmal in zehn Jahren. Trockener und damit lebensfeindlicher geht es kaum. Und doch hat es eine kleine Käferart geschafft, hier ihr Auskommen zu finden: der »Nebeltrinker« oder »Kopfstandkäfer«, wie das rund zwei Zentimeter große Krabbeltier bei den Einheimischen heißt und das den wissenschaftlichen Namen Onymacris unguicu-laris trägt. Um in der Wüste überleben zu können, hat sich dieser Käfer eine raffinierte Wassersparmaßnahme ausgedacht. Beide Vorderflügel des Käfers sind zu einer harten, geschlos-senen Deckschale verwachsen, die das Körperinnere exzellent vor einer zu großen Verdunstung schützt. Zusätzlich sondern die Wüstenkäfer über mikroskopisch kleine Poren im Panzer Wachsfäden ab, die sich wie eine Art Pelz über den Panzer le-gen und auf die Weise die Verdunstung weiter reduzieren.

Aber der Nebeltrinkkäfer kann nicht nur Wasser sparen, sondern zusätzlich aus der Luft ernten. Und zwar holt er sich das in der Wüste so überlebensnotwendige Nass frühmorgens aus dem Nebel. Die meiste Zeit des Tages und auch die Nacht verbringt der Nebeltrinker tief eingegraben im Sand, um sich zum einen vor der glühenden Hitze des Tages, zum anderen aber auch vor den in der Wüste üblichen, ausgesprochen kalten Nachttemperaturen zu schützen. Lediglich in der Morgendäm-merung verlässt der Nebeltrinker sein schützendes Versteck, um seinem Namen alle Ehre zu machen und sich die dringend benötigte Flüssigkeit aus dem Nebel zu besorgen. Dazu krabbelt er auf den Kamm einer Sanddüne, wo er seinen Hinterleib so lange dem Himmel entgegenreckt, bis er sich in einer Art Kopfstand befindet. In dieser Position kann der Morgennebel auf dem vergleichsweise kühlen Körper des Käfers kondensieren. Die so gewonnenen Mini-Wassertröpfchen werden dann zum Mund transportiert. Wie das im Einzelnen funktioniert, haben vor Kurzem deutsche Wissenschaftler mithilfe der Rasterelektronenmikroskopie herausgefunden. Es ist nämlich eine spezielle Mikrostruktur des Rückenpanzers, der die Nebelfangtechnik erst ermöglicht. Die Panzerung besitzt kleine Noppen, an denen die Nebeltropfen gut haften bleiben. Sind sie größer geworden, rollen sie über eine feine Rinne in der Mitte des Panzers in Richtung Mund. Ist der größte Durst gestillt, speichert der Wüstenkäfer den Rest des gesammelten Wassers in einem speziellen Hohlraum, der sich unmittelbar unter den Flügeldecken befindet.

Untersuchungen haben gezeigt, dass der Nebeltrinker in einer einzigen Dämmerungsphase rund ein Drittel seines Körpergewichts an Kondenswasser aufnehmen und verstauen kann.

Übrigens haben nicht nur die erwachsenen Käfer, sondern auch ihre Sprösslinge eine ganz eigene, überaus raffinierte Methode entwickelt, um sich am Wassergehalt des Morgennebels zu bedienen – selbst wenn die auf den ersten Blick ziemlich unappetitlich erscheint. Die wurmförmigen Larven des Käfers »trinken« den Nebel nämlich – man glaubt es kaum – mit dem Hintern. Im Mastdarm der Tiere befinden sich Spezialzellen, die durch ihren unglaublich hohen Salzgehalt wie ein Wassersauger funktionieren. Aufgrund des herrschenden osmotischen Drucks zieht es den Wasserdampf des Nebels regelrecht durch die Zellmembran hinein.

Und die »Wassergewinnungszellen« haben noch eine weitere wichtige Funktion: Bevor die Verdauungsendprodukte der Tiere ihren Weg nach draußen finden, entziehen sie den Häufchen sämtliches Wasser und sorgen so dafür, dass sich der Flüssigkeitsverlust durch Körperausscheidungen in Grenzen hält.

Die ewige Jugend der Säbelzahnwurst (Nacktmull)

Über einen Mangel an Spitznamen braucht sich der Nacktmull nicht zu beklagen. »Säbelzahnwurst«, »tierischer Hotdog«, »Pimmel auf vier Beinen« oder »Wandelnder Penis« sind die gängigsten. Und in der Tat ist das Aussehen des zehn Zentimeter großen Nagetieres, das in den Halbwüsten Ostafrikas zu Hause ist, ziemlich außergewöhnlich, ja geradezu obskur. Die kleinen Nager sind kaum behaart, haben eine äußerst schrumpelige, faltige Haut und überaus prominente Schneidezähne, die weit aus dem Maul herausragen. Ohrmuscheln dagegen fehlen dem Nacktmull, und so wirkt er wie ein rasiertes, völlig verschrecktes Frettchen, das bei Abstimmungen zum hässlichsten Tier der Welt regelmäßig in den Top Five landet.

Abgesehen von ihrem Aussehen können Nacktmulle jedoch gleich einen ganzen Strauß höchst interessanter Eigenschaften vorweisen, die im Tierreich einmalig sind. So sind Nacktmulle die einzige Säugetierart, die in streng und äußerst hierarchisch strukturierten Sozialstaaten lebt, wie man sie sonst nur von sogenannten sozialen Insekten wie etwa Ameisen, Termiten oder Bienen kennt. Oberhaupt des bis zu dreihundert Individuen starken Nacktmullstaats ist die Nacktmullkönigin, die in den unterirdischen Kolonien der Tiere, die oft eine Ausdehnung von der Größe eines Fußballfeldes und mehr haben, mit eiserner Faust regiert. Sie ist das einzige Tier im Staat, das sich fortpflanzen darf, und damit das so bleibt, unterdrückt sie durch die Abgabe bestimmter Hormone die Sexualität ihrer Untertanen.

Außerdem stresst die Nacktmullkönigin ihre weiblichen Unter-tanen durch ständige Schikanen wie Rempeln, Schubsen, Fau-chen und Beißen derart, dass die Eierstöcke der Damen nicht zur Reifung gelangen. So besteht die Kolonie aus sexuell nicht aktiven Arbeiter(-innen), die Nahrung sammeln, Kinder hüten oder Gänge graben, und einer nicht arbeitenden Klasse, den sogenannten Gardisten, deren Mitglieder deutlich korpulenter und träger als die Arbeiter sind und die der Königin in ihrer unterirdischen Diktatur als Wächter bzw. Soldaten dienen.

Drei bis vier Nacktmullherren sind allerdings von allen an-strengenden Tätigkeiten befreit und haben nur eine einzige Aufgabe. Sie müssen der Königin stets zu Willen sein. Oder anders ausgedrückt: Die Nacktmullherrscherin hält sich einen kleinen, aber feinen Harem. Das Lotterleben der Haremsher-ren fordert jedoch einen hohen Preis: Sie altern überdurch-schnittlich schnell und segnen daher deutlich früher als ihre Artgenossen das Zeitliche.

Die Paarung wird stets von der Königin initiiert, die ihr Ver-langen nach Sex sowohl stimmlich als auch durch Präsentation ihrer Genitalien signalisiert.

Stirbt ihre Majestät, kommt es im Nacktmullstaat zu regel-rechten Erbfolgekriegen. Jetzt legen nämlich, da die hormo-nelle und körperliche Unterdrückung durch die Königin fehlt, einige Nacktmulldamen aus der Kaste der bereits erwähnten Gardisten zunächst einmal ordentlich an Gewicht zu und wer-den fruchtbar. Und diese Weibchen kämpfen oft monatelang sehr erbittert und manchmal sogar mit tödlichem Ausgang um den vakanten Thron. Nach neueren wissenschaftlichen Er-kenntnissen kommt meist die Thronanwärterin an die Macht, die als Erste eigene Kinder in die Welt setzt.

Warum sich die Nager mit den prominenten Vorderzähnen

in dieser für Säugetiere so untypischen Sozialstruktur organisieren, konnten Wissenschaftler noch nicht mit allerletzter Sicherheit klären. Eine neuere Theorie geht davon aus, dass es ein einzelnes Nacktmullweibchen nicht ohne fremde Hilfe schaffen würde, sich für die mit immerhin siebzig Tagen verhältnismäßig lange Trage- und Stillzeit einen ausreichenden Fettvorrat anzufuttern. Da müssen schon viele Arbeiter mithelfen, um die Art zu erhalten. Und um das zu gewährleisten, scheint ein straff geführter Staat ein wirksames Mittel zu sein.

Ein anderes Phänomen, das Nacktmulle von anderen Säugetieren unterscheidet, ist ihr Schmerzempfinden bzw. das Fehlen desselben. Die kleinen Nager nehmen zwar Schnittverletzungen, Verätzungen und Verbrennungen wahr, empfinden diese jedoch nicht als schmerzhaft. Forscher der University of Illinois, Chicago, haben vor einiger Zeit den Grund für diese verblüffende Tatsache herausgefunden: Der Haut der Tiere fehlt die sogenannte Substanz P, ein aus elf Aminosäuren bestehendes Molekül. Als die Wissenschaftler durch Einschleusen eines Gens die Produktion dieser Substanz anregten, stieg die Schmerzempfindlichkeit der Nacktmulle deutlich an. Erkenntnisse, die in naher Zukunft möglicherweise helfen können, menschlichen Patienten mit chronischen Schmerzen Linderung zu verschaffen.

Obendrein scheinen Nacktmulle kaum zu altern. Im Gegenteil: Nacktmullzellen sind erstaunlich gut gegen Schäden gewappnet und kaum totzukriegen. Gen-Reparatursystem und Proteinstabilität sind bei Nacktmullen offensichtlich erheblich besser ausgebildet als bei anderen Nagern. Vielleicht ist das der Grund, warum Nacktmulle mit einem Lebensalter von bis zu 28 Jahren ihre nähere Verwandtschaft wie Maus, Ratte und Hamster um ein Vielfaches übertreffen. Hier erhofft sich die Wissenschaft in Zukunft Erkenntnisse, mit denen bei uns Menschen Alterungsprozesse aufgehalten werden können und die uns vielleicht sogar dem Geheimnis ewiger Jugend näher bringen.

Und als ob das nicht schon genug wäre: Nacktmulle haben eine weitere sensationelle Eigenschaft zu bieten. Sie erkranken nicht an Krebs. Amerikanische Wissenschaftler haben vor Kurzem herausgefunden, warum das so ist: Die kleinen haarlosen Nager produzieren Unmengen einer bestimmten Variante der Hyaluronsäure. Diese Moleküle lagern sich an die Zellen des Bindegewebes und blockieren auf diese Weise die Signale, die für ein Krebswachstum verantwortlich sind. Völlig schmerzunempfindlich zu sein, kaum zu altern und obendrein auch noch niemals im Leben Krebs zu bekommen, das sind doch unterm Strich Eigenschaften, die ein zugegeben gewöhnungsbedürftiges Aussehen locker wettmachen sollten. (Da kann man sich ruhig auch mal von der Chefin mobben lassen.)

Ein hässlicher Kriminalist (Marabu)

Es gibt Vögel, die bei uns Menschen relativ schnell Sympathie-punkte einfahren können: Eine Nachtigall bezaubert durch ihre melodische Stimme, ein Pfau beeindruckt mit bunten Farben und seinem opulenten Schwanzfächer, und wenn wir Glück haben, führt ein Graupapagei zumindest ein kurzes Gespräch mit uns. Der Marabu kann da noch nicht einmal im Ansatz mithalten, gilt der große afrikanische Storchenvogel doch als hässlichster Vogel überhaupt.

Am abstoßendsten für uns Menschen sind dabei sicherlich Kopf und Hals des großen Schreitvogels, die fast vollständig nackt sind. Ein am Hals des Marabus baumelnder nackter rosa Hautsack trägt dabei ebenso wenig zur Verbesserung des Er-scheinungsbildes bei wie der kleinere Hautsack, der im Nacken des Vogels sitzt. Im Gesamtbild wirkt der Marabu, so man ihn denn mit einem Menschen vergleicht, wie ein räudiger älterer Oberlehrer, der extrem schlechte Laune hat.

Die Hässlichkeit des Marabus ist jedoch, zumindest teilweise, einer gewissen Zweckmäßigkeit geschuldet. Marabus sind näm-lich, als ob Hässlichkeit allein nicht genügen würde, auch noch Aasfresser allererster Güte, die sich gern an den Kadavern von Antilopen und anderen Wildtieren gütlich tun. Dazu hacken die bis zu 1,40 Meter großen Vögel zunächst mit ihrem riesigen schwertartigen Schnabel den Bauch des Kadavers auf. Anschlie-ßend verschwinden sie mit dem gesamten Kopf im Bauchraum, um an die Eingeweide ihres Opfers heranzukommen. Wären

Kopf und Hals eines Marabus mit Federn bedeckt, würden bei dieser Tätigkeit reichlich Blut und Nahrungsreste daran kleben bleiben und so dauerhafte Brutstätten für Bakterien und andere gefährliche Krankheitserreger bilden. Marabus sind nämlich nicht in der Lage, Säuberungsaktionen an Hals und Kopf durchzuführen. Dazu ist ihr Schnabel einfach zu lang. Und so lebt man als Marabu mit nacktem Hals einfach gesünder.

Trotz seines nicht gerade lieblichen Aussehens und der wenig appetitlichen Art seiner Nahrungsaufnahme hat der Marabu jedoch auch ein paar selbst in den Augen von uns Menschen positive Eigenschaften vorzuweisen. So sind Marabus beispielsweise dank ihrer Flügelspannweite von nahezu drei Metern vorzügliche Gleitflieger, die es an Können und Eleganz durchaus mit Adlern oder Kondoren aufnehmen können. Flughöhen von dreitausend und mehr Metern sind bei Marabus dank geschickter Ausnützung der Thermik keine Seltenheit.

Und mit seiner übel beleumdeten Tätigkeit als Aasfresser hat der Marabu in der afrikanischen Savanne eine wichtige Funktion als Gesundheitspolizist inne: Durch die Beseitigung der Kadaver verhindert der große Storchenvogel, dass sich für Mensch und Tier gefährliche Krankheiten verbreiten.

Apropos Polizei: Der Marabu spielt – man höre und staune – eine wichtige Rolle in der Kriminalistik! Bei der Sichtbarmachung von Fingerabdrücken werden nämlich von den Beamten der Spurensicherung selbst in Zeiten von Hightech immer noch Marabufedern verwendet. Mit ihrer Hilfe tragen Kriminaltechniker das sogenannte Rußpulver auf mögliche Spurenträger auf. Im Gegensatz zu den Federn anderer Vögel sorgt die extrem feine Haarstruktur der Marabus nämlich dafür, dass die Rußpartikel exakt in den Abdrücken der sogenannten Papillarleisten hängen bleiben und die Abdrücke nicht verschmieren. So werden Marabus auch in Zukunft dabei mithelfen, Täter jeglicher Couleur zu überführen.

Last but not least soll noch eine weitere unappetitliche, aber dennoch zweckmäßige Eigenheit des Marabus nicht verschwiegen werden. Die Vögel bespritzen regelmäßig ganz gezielt ihre Beine mit dem eigenen Kot. Natürlich hat auch das einen guten Grund: Die Stoffwechselendprodukte der Vögel haben offensichtlich nicht nur antiseptische Wirkung, sondern halten die Beine ihrer Besitzer in der afrikanischen Hitze darüber hinaus schön kühl.

Frisur mit Leihgift (Mähnenratte)

Man könnte meinen, eine Mähnenratte sei eine leichte Beute für Löwen, Hyänen, Schakale und andere afrikanische Raubtiere. Schließlich hat das kaninchengroße Nagetier, das in den Wäldern und Savannen Ostafrikas zu Hause ist und wie eine Kombination aus Meerschweinchen, Stachelschwein und Stinktier aussieht, in Sachen Verteidigung auf den ersten Blick nur wenig zu bieten. Scharfe Krallen oder ein wirkungsvolles Gebiss – Fehlanzeige. Lange Beine, um sein Heil in der Flucht zu suchen, hat der seltsame Nager ebenfalls nicht.

Trotzdem lassen Löwe und Co. die Pfoten von dem vermeintlich wehrlosen Leckerbissen. Denn Mähnenratten verfügen über eine im Tierreich nahezu einzigartige Verteidigungsstrategie: Sie präparieren ihre Haare mit Gift. Giftdrüsen oder Zähne können Mähnenratten nicht vorweisen, auch keine anderen Organe, mit denen sich der Verteidigungsstoff herstellen ließe. Nein, Mähnenratten sind gar nicht in der Lage, dieses Gift selbst zu produzieren. Vielmehr handelt es sich um ein Leihgift, das sich die Nager von einem Strauch besorgen.

Um an die benötigte Substanz heranzukommen, benagen die Mähnenratten zunächst die Wurzeln und die Rinde einer giftigen Strauchpflanze, die den wissenschaftlichen Namen Acokanthera schimperi trägt. Anschließend kauen die Tiere das abgenagte Pflanzenmaterial gut durch und belecken mit dem so entstandenen Speichel-Pflanzen-Gemisch seitlich am Rumpf gelegene kurze Spezialhaare, die sich im Normalzustand gut versteckt unter der langen namensgebenden Mähne befinden.

Beim Gift selbst handelt es sich um eine Substanz namens g-Strophanthin, die bei entsprechender Dosierung das Herz angreift und einen Menschen innerhalb von rund zwanzig Minuten töten kann. Kein Wunder also, dass g-Strophantin früher nicht nur von einigen indigenen afrikanischen Völkern als Pfeilgift, sondern auch heute noch ab und an bei Mordanschlägen eingesetzt wird.

Da sich die Ratten beim Kauen und Lecken nicht selbst vergiften, geht die Wissenschaft davon aus, dass sie gegen die Wirkung von g-Strophanthin immun sind. Wie die Mähnenratten es geschafft haben, sich diese Immunität zu erwerben, konnte bisher allerdings nicht geklärt werden.

Betrachtet man die mit Gift präparierte Frisur einer Mähnenratte unter dem Elektronenmikroskop, entdeckt man die Struktur der Haare, die das Beladen mit g-Strophantin erst möglich macht. Mähnenrattenhaare besitzen nämlich einen doppelten Schaft, wobei jeder der Schäfte von einem mit zahlreichen Löchern versehenen Zylinder umgeben ist. Bestreicht die Mähnenratte ihre Haare mit der Speichel-Gift-Mischung, saugen diese löchrigen Zylinder das Gemisch so lange wie ein Schwamm auf, bis die Spezialhaare mit Gift gesättigt sind.

Fühlt sich eine Mähnenratte durch ein Raubtier bedroht, stellt sie mithilfe spezieller, ungewöhnlich kräftiger Haarmuskeln ihre langen Mähnenhaare auf, wodurch die kurzen Gifthaare freigelegt werden, sodass ein Fressfeind, der zubeißt, automatisch nähere Bekanntschaft mit ihnen macht. Offensichtlich haben die afrikanischen Raubkatzen recht schnell begriffen, dass man einen zu hohen Preis dafür bezahlt, wenn man die Pfoten auch bei großem Hunger nicht von einer Mähnenratte lassen kann. Und selbst wenn sich eine Mähnenratte doch mal zwischen den Kiefern eines unbelehrbaren Löwen wiederfindet, muss das noch lange nicht das Ende ihrer Tage bedeuten. Löwen und andere Raubkatzen sind nämlich sehr vorsichtige, um nicht zu sagen misstrauische Gesellen und testen zumeist erst einmal mit einem dezenten Probebiss, wen oder was sie da erwischt haben. Im Falle einer Mähnenratte führt der Probebiss sofort zu einer Kostprobe des Gifts – eine Erfahrung, nach der auch das größte Raubtier die Lust auf einen zweiten Biss verliert.

Während der Löwe hungrig von dannen zieht, wuselt die Mähnenratte unbeschadet ihres Weges. Denn selbst der Probebiss eines mit einem gewaltigen Kiefer ausgestatteten Raubtiers, wie es der König der Tiere ist, lässt eine Mähnenratte kalt. Dafür sorgt zum einen ihre außergewöhnlich dicke Haut und zum anderen ihr äußerst stabiler Schädel. Giftige Haare als tödliche Waffe – da hätte selbst die berüchtigtste Giftmörderin aller Zeiten Lucrezia Borgia noch eine Menge lernen können.

Lange Zunge, scharfe Klauen (Erdferkel)

Erdferkel, die in Afrika südlich der Sahara weit verbreitet sind, tragen ihren Namen, sowohl was ihr Aussehen als auch ihr Verhalten betrifft, völlig zu Recht. Die Rüsselscheibe ihrer langen Schnauze ähnelt der eines Schweins frappierend, und den Zusatz »Erd-« verdanken die recht plumpen Tiere der Tatsache, dass sie sich tiefe Wohnhöhlen graben. Ein weiteres charakteristisches Merkmal der nur spärlich behaarten Tiere, die auf den ersten Blick an eine misslungene Kreuzung eines Schweins mit einem Känguru erinnern, sind ihre langen, äußerst scharfen Klauen. Diese Werkzeuge helfen nicht nur bei der Nahrungsbeschaffung, sondern genauso beim Wohnungsbau im Erdreich.

Den Tag verbringen Erdferkel gut geschützt in den selbst gegrabenen Erdhöhlen, die die Tiere dank ihrer kräftigen Vorderbeine und den mächtigen Klauen in Windeseile anlegen können. Ein Erdferkel braucht nur wenige Minuten, um sich komplett einzugraben. Allerdings nutzen die Tiere eine Höhle meist nur kurz und graben sich bereits nach wenigen Tagen eine neue Unterkunft – was sich andere Tiere gern zunutze machen. Neben Warzenschweinen, Löffelhunden und Schabrackenschakalen beziehen auch Stachelschweine, Schuppentiere und zahlreiche weitere Tierarten die von ihren ursprünglichen Bewohnern aufgegebenen tiefen Höhlen gern als Wohnungen aus zweiter Hand. Nach Ansicht der Wissenschaft ist es das im Verhältnis zu den extremen Außentemperaturen in der Höhle

herrschende ausgeglichene Mikroklima, das die verlassenen Bauten für »Nachmieter« so begehrenswert macht.

Bei Erdferkeln handelt es sich um reine Insektenfresser, die sich fast ausschließlich von Termiten und Ameisen ernähren. Hat ein Erdferkel auf seinen nächtlichen Streifzügen einen Termitenhügel entdeckt oder besser gesagt erschnüffelt, knackt es mit seinen kräftigen Krallen die oft betonharte Außenhülle des Hügels und schnappt sich die jetzt zugänglichen Insekten mit seiner sehr langen und sehr klebrigen Zunge – und zwar eine ganze Menge. Experten schätzen, dass ein Erdferkel pro Nacht etwa fünfzigtausend Insekten verzehrt.

Um nicht binnen kürzester Zeit quasi vor einem leeren Kühlschrank zu stehen, gehen Erdferkel bei der Nahrungssuche äußerst nachhaltig vor. Haben die Tiere mit ihren mächtigen Klauen einen Termitenhügel erst einmal geknackt, zerstören sie diesen niemals komplett, sondern geben den sechsbeinigen Bewohnern die Chance, ihr Wohnhaus wieder zu reparieren. Eine Vorgehensweise, durch die die Nahrungsquelle dauerhaft erhalten bleibt.

Auch um nicht selbst gefressen zu werden, nutzt das Erdferkel seine scharfen Krallen. Sieht es sich von einem seiner klassischen Feinde wie Löwe, Leopard, Gepard oder Tüpfelhyäne bedroht, gräbt es sich mithilfe der Werkzeuge sofort blitzartig ein. Bleibt dafür keine Zeit, setzt das Erdferkel die rasiermesserscharfen Krallen auf dem Rücken liegend als Defensivwaffe ein, mit der es sogar einem Löwen derart üble Wunden zufügen kann, dass auch der König der Tiere lieber von seinem Opfer ablässt.

Auch den Menschen muss ein Erdferkel fürchten, denn in vielen Regionen Afrikas ist es eine überaus beliebte Ergänzung des Speisezettels, erinnert sein Fleisch im Geschmack doch an das eines Schweines. Die mächtigen Klauen sind als Glücksbringer begehrt bzw. spielen in der traditionellen Medizin eine gewisse Rolle. Darüber hinaus machen sich Erdferkel bei afrikanischen Farmern unbeliebt, da sie durch ihre Bauten Felder und Weiden unterminieren und es nicht selten vorkommt, dass sich Rinder durch das Einbrechen der Gänge die Beine brechen oder landwirtschaftliche Maschinen beschädigt werden. Ein Grund, warum Erdferkel regional stark bejagt werden – auch wenn das Greifen zum Gewehr eine ziemlich kurzsichtige Handlungsweise ist: Durch die Bejagung der Tiere kam es oft zu einem massiven Anstieg der lokalen Termitenpopulation, die ihrerseits wiederum kräftige Ernteverluste verursachte.

Und last but not least haben Erdferkel in Sachen »Toilettengewohnheiten« eine Besonderheit vorzuweisen. Vor dem Stuhlgang buddeln sie stets kleine Löcher, in die sie anschließend hineinkoten. Ist das Geschäft erledigt, werden diese Löcher sorgfältig zugescharrt. Nach Ansicht der Wissenschaft handelt es sich bei dieser Vorgehensweise keineswegs um eine hygienische Maßnahme. Die notorischen Einzelgänger wollen offensichtlich lediglich vermeiden, dass ein Artgenosse oder ein Fressfeind ihre Witterung aufnimmt.

Das Royal-Raubtier (Tüpfelhyäne)

»Ich habe die Tüpfelhyäne in den von mir durchreisten Gegenden überall nur als feiges Tier kennen gelernt, welches dem Menschen scheu aus dem Wege geht. Den Kopf trägt sie niedrig mit gebogenem Nacken; der Blick ist boshaft und scheu. Unter sämtlichen Raubtieren ist sie unzweifelhaft die missgestaltetste, garstigste Erscheinung. Zudem sind alle Hyänen Nachttiere, haben eine kreischende oder wirklich grässlich lachende Stimme, zeigen sich gierig, gefräßig, verbreiten einen üblen Geruch und haben nur unedle, fast hinkende Bewegungen: Kurz, man kann sie unmöglich schön nennen.« Nein, der als Tiervater bekannt gewordene Alfred Brehm ließ nun wirklich kein gutes Haar an den nicht gerade übermäßig attraktiv aussehenden afrikanischen Raubtieren.

Und Brehm steht mit dieser Meinung nicht allein. Vom Vater der Naturphilosophie Aristoteles bis zum Nobelpreisträger und Großwildjäger Ernest Hemingway waren sich alle Experten stets einig: Hyänen sind hässliche, hinterhältige Aasfresser, denen obendrein auch noch jeglicher Mut fehlt.

Nun werden selbst Hyänenfans nicht bestreiten, dass die immer etwas unproportioniert wirkenden Raubtiere nicht gerade zu den Schönheiten im Tierreich zählen. In allen anderen Punkten jedoch liegen die Kritiker tüchtig daneben. Zumindest wenn es um die Tüpfelhyäne geht, die größte der vier Hyänenarten.

Die Tüpfelhyäne ist nämlich keine Aasfresserin, sondern eine

ausgesprochen erfolgreiche Jägerin, deren Beutespektrum vom kleinen Käfer bis zum gewaltigen Elefanten reicht. Manchmal scheuen allerdings auch Tüpfelhyänen die Mühen der Jagd und bedienen sich einer Vorgehensweise, die in der Wissenschaft etwas verklärend als Kleptoparasitismus bezeichnet wird: Sie stibitzen schlicht und einfach anderen Raubtieren deren selbst erlegte Beute weg. Und widerlegen damit ein weiteres Vorurteil, denn wer sich mit einem Geparden, einem Leoparden oder gar einem körperlich weit überlegenen Löwen anlegt, den kann man beim besten Willen nicht als feige bezeichnen.

Bei Jagd und Nahrungsdiebstahl behilflich ist den Tieren mit dem gepunkteten Fell ihre gewaltige Beißkraft. Mithilfe ihrer außergewöhnlichen Kiefermuskulatur und einer speziellen Kiefermechanik sind Hyänen nämlich in der Lage, sogar die dicken Knochen eines Elefanten oder eines Flusspferdes zu knacken.

Bei den Tüpfelhyänen, die in Familienverbänden, sogenannten Clans, von bis zu siebzig Tieren leben, haben übrigens ausschließlich die Weibchen das Sagen. In der überaus strengen Hyänenhierarchie steht selbst das ranghöchste Männchen deutlich unter dem rangniedrigsten Weibchen. Angeführt wird der Clan von einem Alphaweibchen, das keineswegs die größte und stärkste weibliche Hyäne sein muss. Die Chefrolle ist bei Tüpfelhyänen nämlich, ähnlich wie in europäischen Königshäusern, erblich. Will heißen, das regierende Weibchen gibt die Chefrolle an seine erstgeborene Tochter weiter. Und selbst nur ein paar Minuten später auf die Welt gekommene weibliche Welpen dieser Erstgeborenen müssen sich ihrer »königlichen Schwester« unterordnen.

Spielende Killer (Krokodile)

Krokodile gelten als rechte Unsympathen, schließlich haben die wirklich furchteinflößenden Panzerechsen ja schon den ein oder anderen Menschen verspeist. Und lange unterstellte man den blutrünstigen Killern eine geistige Unterbegabung. Oder um es deutlich zu formulieren: Man hielt sie für strohdumm. Wie könnte es auch anders sein, wenn man über ein gerade mal walnussgroßes Gehirn verfügt?

Neuere wissenschaftliche Erkenntnisse strafen diese Häme jedoch Lügen, denn trotz seiner geringen Größe ist das Krokodilhirn wesentlich höher entwickelt als die Gehirne aller anderen Reptilien, was sie zu den Intelligenzbestien im Reptilienreich macht.

So besitzen sie erstaunlicherweise so etwas wie eine eigene Sprache. Einige Krokodilarten können mehr als zwanzig unterschiedliche Laute produzieren, die sie ganz gezielt bei der Verteidigung ihres Reviers, der Balz oder der Brutpflege einsetzen. Erstaunlicherweise kommunizieren selbst Krokodilbabys über Piepstöne miteinander, und das bereits, wenn sie noch im Ei sind. Auf diese Weise synchronisieren die Mini-Echsen ihre Ausschlupfzeit. Nach dem Motto: »Kinder, jetzt lasst uns mal gemeinsam das Ei verlassen.« Diese Synchronisierung kann lebensrettend sein, weil die Krokodilmütter ihre Jungen durch den gemeinsamen Schlupf natürlich viel besser verteidigen können, als wenn die kleinen Krokodile in größeren Abständen aus ihren Eiern schlüpfen würden.

Übrigens verfügen Krokodile über eine Art »Geheimsprache«: Wie Elefanten kommunizieren sie nämlich mit sogenanntem Infraschall. Das sind Töne im niederfrequenten Bereich, die so tief sind, dass wir Menschen sie nicht hören können. Die Infraschalllaute werden vor allem bei der Territoriumsverteidigung und der Balz eingesetzt und sind dabei von einer derartigen Power, dass sie sich sowohl in der Luft als auch im Wasser über große Strecken ausbreiten. Dabei werden diese Laute manchmal sogar sichtbar: Wenn ein Krokodil so richtig niederfrequent losbrüllt, scheint das Wasser in seiner unmittelbaren Umgebung regelrecht zu kochen.

Was die grimmige Seite der Reptilien anbelangt, so zeigen neuere wissenschaftliche Erkenntnisse, dass die vermeintlich mörderischen Echsen durchaus eine heitere Seite besitzen und eine ausgeprägte Lust am Spielen haben. So surfen Krokodile gern in der Brandung oder rutschen zum Spaß steile Flussböschungen herunter. Kleine Alligatoren lassen sich gern von ihren größeren Freunden auf dem Rücken tragen. Und junge Kaimane haben offensichtlich viel Spaß daran, spielerisch bestimmte Balzrituale, wie etwa Brüllen oder Drohhaltungen, nachzuahmen.

Auch ein Spielen mit Gegenständen findet man bei vielen Krokodilen in unterschiedlichen Ausprägungen. Am häufigsten spielen Krokodile mit Dingen, die sie im Wasser finden. Das können Holzstückchen sein, Schilfstücke oder Steine. Nahrung wird ebenfalls als Spielzeug missbraucht, ähnlich wie Katzen mit toten Mäusen spielen. Wissenschaftler haben einmal beobachtet, wie ein Krokodil den Kadaver eines Nilpferdbabys immer wieder in die Luft schleuderte, ohne Anstalten zu machen, ihn auch zu fressen.

Manchmal schmücken sich bzw. spielen Krokodile auch mit Blumen – und bevorzugen dabei offensichtlich die Farbe Pink. Warum das so ist, konnte nicht geklärt werden.

In den Tropen galt bislang folgende unumstößliche Regel: Wer von einem Krokodil bedroht wird, sollte möglichst schnell den nächsten Baum aufsuchen, denn hoch oben ins Geäst können die schweren Panzerechsen, als notorisch schlechte Kletterer, einem Menschen nicht folgen. Jetzt zeigt jedoch eine neue amerikanische Studie, dass ein Umdenken angesagt ist: Krokodile sind nämlich nicht nur in der Lage, auf Bäume zu klettern, sondern halten sich in einigen Fällen sogar stundenlang in der Krone auf. Gut, nicht alle Krokodile klettern Bäume hinauf, sondern lediglich das afrikanische Panzerkrokodil, das Australienkrokodil, das Spitzkrokodil und das Nilkrokodil. Und natürlich können Krokodile keinen senkrechten Stamm hochkraxeln. Aber immerhin reichen die Kletterkünste der Panzerechsen aus, um kleinere, schräg stehende Bäume mit einer Höhe von bis zu vier Metern erfolgreich zu besteigen.

Die Wissenschaft hat sogar herausgefunden, warum Krokodile sich der Mühe des Kraxelns unterziehen. Gleich zwei Gründe gibt es für diesen Krokodil-Sport: Als wechselwarme Tiere sind die großen Echsen nicht wie Säugetiere in der Lage, ihre Körpertemperatur selbstständig auf einem gleichbleibenden Niveau zu halten, weshalb sie sich gleich morgens gern in die Sonne legen, um ihre Körpertemperatur aufzuheizen und so auf die richtige Betriebstemperatur zu kommen. Sind allerdings nur wenig Sonnenplätze vorhanden, wie dies zum Beispiel in Mangrovensümpfen der Fall ist, klettern die Tiere eben auf einen Baum, um dort ihr Sonnenbad zu nehmen, das für sie so ungemein wichtig ist.

Und, das ist der zweite Grund für die Reptilien-Kletterei, von hoch oben lässt sich ein Revier viel leichter überwachen als vom Boden aus.

Korpulente Nichtsänger (Seekuh)

Sie ähneln einem großen grauen Klops mit Flossen: Seekühe, walzenförmige Meeressäuger, die von einer dicken Speckschicht umhüllt sind und je nach Art bis zu vier Meter lang und achthundert Kilogramm schwer werden können. Sie mögen behäbig aussehen, sind jedoch bemerkenswert gut an ein Leben im Wasser angepasst. Die vorderen Gliedmaßen entwickelten sich im Laufe der Evolution zu paddelartigen Flossen, die Hinterbeine hingegen bildeten sich, wenn man einmal von kleinen Überresten im Becken absieht, vollständig zurück und wurden durch die sogenannte Fluke ersetzt, eine waagerecht liegende Schwanzflosse.

Seekühe halten sich bevorzugt in seichten Buchten und Lagunen, aber auch in Flussoberläufen und -mündungen auf. Die grauen Meeressäuger können immerhin mehr als fünfzehn Minuten unter Wasser bleiben, tauchen jedoch nur selten tiefer als zwanzig Meter ab. Der Name Seekuh rührt von den Ernährungsgewohnheiten der Tiere her, die bevorzugt Seegras, Algen und andere Wasserpflanzen vom Meeresboden abgrasen. Und das ziemlich ausdauernd. Eine Seekuh frisst acht Stunden und mehr am Tag.

Wer dabei glaubt, Tiere, die so groß, fett und gemütlich sind, müssten gleichzeitig ziemlich dumm sein, der liegt bei Seekühen weit daneben. Das Gegenteil ist richtig. Zwar haben Seekühe im Verhältnis zu ihrer Körpermasse das kleinste Gehirn aller Säugetiere, doch lernen sie zum Beispiel akrobatische Kunststücke genauso schnell wie die als sehr intelligent bekannten Delfine. Eine Tatsache, die man lange verkannt hat. Einfach weil sich die doch eher plumpen Seekühe deutlich weniger elegant bewegen als Flipper und Konsorten. Außerdem: Für das Motivationsmittel aller Meeressäugertrainer Nummer eins – Fisch! – bewegen sich die vegan lebenden Fleischklöpse schon gar nicht. Und mal ehrlich – würden Sie für ein Büschel Gras in Ihrer Badewanne durch einen Reifen springen? Eben.

Übrigens sind die tonnenförmigen Meeressäuger weder mit Walen noch mit Seelöwen näher verwandt, hingegen erstaunlicherweise mit Elefanten und sogenannten Klippschliefern, murmeltierähnlichen Pelztieren, die im südlichen Afrika zu Hause sind. Hier versammeln sich also drei Tiergruppen in einer Familie, wie sie unterschiedlicher nicht sein könnten. Um diese Tatsache zu verstehen, muss man die Genstruktur der drei Arten genauer unter die Lupe nehmen. DNA-Analysen ergaben nämlich, dass Seekühe, Elefanten und Klippschliefer einen gemeinsamen Vorfahren haben, der vor rund achtzig bis hundert Millionen Jahren auf dem afrikanischen Kontinent gelebt hat. Nach und nach verteilten sich die Nachkommen dieses Vorfahrens – auch bedingt durch das Auseinanderbrechen der Kontinente – rund um den Globus und passten sich an den unterschiedlichsten Orten den verschiedenen Lebensbedingungen an. Das Resultat ist das so andersgeartete Aussehen von Seekühen, Elefanten und Klippschliefern, obwohl sie sich in ihrer Genausstattung einander stark ähneln.

Erstaunlicherweise waren ausgerechnet die plumpen Meeressäuger verantwortlich für den Glauben an die Existenz von Wesen, mit denen wir Menschen uns schon seit der Antike beschäftigen: den berühmt-berüchtigten Sirenen des Odysseus. Bei diesen Fantasiegestalten aus der griechischen Mythologie handelt es sich um geheimnisvolle Wesen, halb Mensch, halb Fisch, die auf Klippenfelsen wohnen und nichts anderes im Sinn haben, als mit ihren betörenden Gesängen Seefahrer derart zu verwirren, dass diese ihren eigentlichen Kurs aufgeben und schnurstracks die Klippen der Verführerinnen ansteuern. Eine tödliche Verlockung, denn die Sirenen haben die unangenehme Eigenschaft,

Seemänner mit großem Genuss zu verspeisen.

Woran lag es nun, dass die eher adipösen Seekühe für eine Art antike Meerjungfrauen gehalten wurden? Wohl nicht am Gesang, denn Seekühe geben lediglich Schmatz- und Grunzlaute von sich. Verantwortlich war da wohl eher die Tatsache, dass Seekühe oft den Kopf aus dem Wasser heben, um sich zu orientieren, und deshalb von Weitem durchaus mit einem schwimmenden Menschen verwechselt werden können. Aber vielleicht haben auch die beiden durchaus ausgeprägten Brüste der weiblichen Seekühe sowie die quergestellte Schwanzflosse die Fantasie der Seeleute in Richtung Meerjungfrau beflügelt.

Bis weit in die Neuzeit hielt sich der Glaube an Nixen. So wurde noch im Jahre 1908 in Johannesburg eine mit Häubchen und Kleid bekleidete, ausgestopfte Seekuh ausgestellt und den Besuchern der Ausstellung als der »Welt einzige Meerjungfrau« präsentiert.

Hammerkopf (Hammerhai)

Es ist die charakteristische, an einen Hammer erinnernde Kopfform, die den Hammerhai von allen anderen Haiarten unterscheidet. Wobei es »den« Hammerhai gar nicht gibt. Insgesamt wurden nämlich bisher neun verschiedene Hammerhaiarten entdeckt, die sich vor allem durch die unterschiedliche Hammerform ihres Kopfes unterscheiden, was sich meist in ihrem Namen niederschlägt. So gibt es etwa den Mützen-, den Flügelkopf-, den Schaufelkopf- und den Bogenstirn-Hammerhai. Die größte Art ist, Überraschung, der Große Hammerhai, der es immerhin auf eine stolze Körperlänge von sechs Metern und mehr bringt.

Aber warum hat die Natur bzw. die Evolution den Hammerhai nicht, wie die anderen Haie auch, mit einer dem Wasserwiderstand angepassten, torpedoartigen Schnauze, sondern mit einem breiten Hammerkopf ausgestattet? Eine Frage, mit der sich die Wissenschaft schon sehr lange beschäftigt. Erklärungsmodelle gab es viele.

Vermutete man früher, dass der seltsam geformte Kopf der Hammerhaie zum Erschlagen von Beutetieren dient, ist man sich heute ziemlich sicher, dass der »Hammer« den Tieren zu einem überdurchschnittlichen Überblick verhilft und gleichzeitig der Verbesserung der bei Haien für den Beutefang so wichtigen Wahrnehmung von elektrischen Feldern dient.

Die Tatsache, dass die Augen auf den äußeren Seitenflächen des Hammerkopfes sitzen, verschafft den Tieren eine Rund-

umsicht von 360 Grad. Eine Eigenschaft, die dem Hammerhai nicht nur zu einer überlegenen Orientierung verhilft, sondern auch beim Beutegang bzw. bei der Wahrnehmung von Gefahren äußerst hilfreich ist.

Offensichtlich beherbergt der breite Kopf der Hammerhaie überdies mehr sogenannte Lorenzinische Ampullen als bei anderen Haien. Dabei handelt es sich um Elektrorezeptoren, die es dem Hammerhai ähnlich wie ein Metalldetektor ermöglichen, die elektrischen Signale von Beutetieren aufzuspüren.

Möglicherweise verhilft der hammerförmige Kopf dem Hammerhai aber auch zu einer präziseren Manövrierfähigkeit. Ein ähnliches Prinzip findet man bei den sogenannten Entenflugzeugen, bei denen zusätzliche Tragflächen an der Flugzeugnase den Auftrieb und die Manövrierfähigkeit beim engen Kurvenflug deutlich verbessern.

Doch nicht ihr Kopf, sondern ihre Flossen sind es, die zumindest zwei der neun weltweit bekannten Hammerhaiarten an den Rand des Aussterbens gebracht haben. Schuld ist eine Suppe: die berühmt-berüchtigte Haifischflossensuppe. Die gehört nämlich zu den klassischen Gerichten der chinesischen Küche und kommt als Traditions- und Luxusgericht immer häufiger auf den Tisch des Hauses, weil in der in den letzten Jahren neu entstandenen chinesischen Mittelschicht großer Wert darauf gelegt wird, seinen Mitmenschen zu zeigen, dass man sich jetzt ebenfalls das Statussymbol Haifischflossensuppe leisten kann. Und auch in den Luxusrestaurants der chinesischen Großstädte wird neuerdings wieder vermehrt Haifischflossensuppe angeboten – zu einem stolzen Preis. Zwischen siebzig und hundert Dollar muss man für eine Schale Hammerhai-Haifischflossensuppe berappen.

Hammerhaiflossen sind bei vermeintlichen Feinschmeckern deshalb so begehrt, weil sie im Verhältnis zu denen anderer Haiarten deutlich größer sind und, noch wichtiger, über eine hohe Dichte an Kollagenfasern verfügen. Wenn man eine Haifischflossensuppe zubereitet, sehen die gekochten Kollagenfasern aus wie Spaghetti. Und je dicker und länger diese Kollagenspaghetti sind, desto beliebter ist die Suppe bei chinesischen Konsumenten. Ob sie tatsächlich auch besser schmeckt, sei einmal dahingestellt.

Die verstärkte Nachfrage nach Haifischflossen sowie der oft exorbitante Gewinn, den man im Handel mit ihnen erzielt, haben sich verheerend auf die Hammerhaibestände ausgewirkt. So schätzen Experten, dass durch die intensive Befischung der letzten Jahre beispielsweise die Populationen des Bogenstirn-Hammerhais um rund neunzig Prozent zurückgegangen sind.

ASIEN

- Juwelwespe
- Nasenaffe
- Rötliche Saugbarbe
- Chinesischer Riesen-
  salamander
- Zebrabärbling
- Schützenfisch
- Pseudoceros bifurcus
- Kletterfisch
- Fangschreckenkrebse
- Diploptera punctata
- Putzerlippfisch
- Kugelfisch

Die Zombiemacherin (Juwelwespe)

Wenn es um gute Mütter im Tierreich geht, liegt ein kleines Insekt namens Juwelwespe ziemlich weit vorne. Allerdings ist die Art und Weise, wie sich die Wespenmutter um das Wohlergehen ihres Nachwuchses kümmert, für uns Menschen ziemlich gewöhnungsbedürftig, um nicht zu sagen ausgesprochen gruselig.

Das in grellem Blau-Grün schillernde Insekt, das in den tropischen Gebieten Indiens, Afrikas, Australiens und des pazifischen Raums zu Hause ist, sorgt sich, zumindest kulinarisch gesehen, geradezu rührend um seine Sprösslinge. Noch bevor der Nachwuchs geboren ist, organisiert die Juwelwespe für die lieben Kleinen ein üppiges Fresspaket, genauer gesagt ein Fresspaket in Form einer schönen, dicken Kakerlake. Da jedoch tote Tiere relativ schnell verwesen und ungenießbar werden, muss die Wespe die Kakerlake lebendig zu ihrem Nachwuchs schaffen. Keine ganz leichte Aufgabe, da eine Kakerlake mehr als doppelt so groß und schwer ist wie eine Juwelwespe. Zur Lösung dieses Problems hat sich das schlaue Insekt einen ebenso genialen wie brutalen Trick einfallen lassen: Sie verwandelt die Kakerlake in einen willenlosen Zombie. Dazu verpasst sie ihrem Opfer mit ihrem Giftstachel zunächst einen gezielten Stich in einen Nervenknoten im Brustbereich, der für die Motorik zuständig ist. Für kurze Zeit paralysiert das Gift die Beine der Kakerlake, was der Wespe Gelegenheit gibt für ihre zweite, noch fiesere Giftattacke: Sie unterzieht ihre Beute einer regelrechten Hirnwäsche, indem sie ein Nervengift in den Teil des Kakerlakengehirns injiziert, der für das Fluchtverhalten verantwortlich ist. Und das mit einer Präzision, von der menschliche Hirnchirurgen nur träumen können.

Hier stellt sich natürlich die Frage, wie ein schnödes Insekt in der Lage ist, eine bestimmte Gehirnregion eines anderen Insekts mit traumwandlerischer Sicherheit aufzuspüren. Israelische Forscher sind vor einigen Jahren dem Geheimnis dieser unglaublichen Präzision zumindest teilweise auf die Spur gekommen. Unter dem Elektronenmikroskop entdeckten die Wissenschaftler an der Spitze des Giftstachels nämlich eine Anhäufung von Sinneszellen, die wohl wie eine Art Detektor funktionieren und der Juwelwespe mitteilen, an welcher Stelle im Gehirn ihres Opfers sie sich gerade befindet.

Nach erfolgreicher Gehirnwäsche führt die Wespe die völlig willenlose Kakerlake am Rest der Antennen, ähnlich wie einen Hund an der Leine, in ihre Erdhöhle. Dort deponiert sie die ihres Fluchtreflexes beraubte Schabe und legt anschließend ein rund zwei Millimeter großes Ei auf dem Hinterleib des Tieres ab. Im Anschluss verlässt die Juwelwespe die derart präparierte Höhle und verschließt den Eingang mit kleinen Steinchen, um Nachwuchs und Festessen vor hungrigen Dieben zu schützen.

Nach drei Tagen schlüpft aus dem Ei eine Larve, die sich kurze Zeit später in den Hinterleib der Kakerlake bohrt und sie bei lebendigem Leib von innen heraus auffrisst. Die sprichwörtliche Made im Speck!

Die Kakerlake muss dieses Martyrium acht Tage lang über sich ergehen lassen, bevor sie letztendlich ihren Verletzungen erliegt. Nach einem kurzen Puppenstadium schlüpft wenig später das voll entwickelte Insekt aus dem Schabenkadaver. Und kann sich seinerseits auf Vorratssuche begeben …

Supernasen (Nasenaffe)

»Wie die Nase eines Mannes, so sein Johannes« lautet eine bekannte Volksweisheit, nach der der geneigte Betrachter oder besser die geneigte Betrachterin mit einem kurzen Blick auf die Nase eines Herren feststellen kann, wie dieser im Intimbereich ausgestattet ist. Allerdings auch eine Volksweisheit, die längst widerlegt ist. Mehrere medizinische Studien zeigen nämlich ganz klar, dass zwischen der Größe der Nase eines Mannes und der seines besten Stückes keinerlei Zusammenhang besteht.

Was für uns Menschen nicht zutrifft, scheint jedoch bei Nasenaffen durchaus Gültigkeit zu haben. Zumindest wäre es eine Erklärung dafür, dass die Weibchen dieser Affenart, die in den tiefer gelegenen Regen- und Mangrovenwäldern Borneos zuhause ist, ihre männlichen Sexualpartner ganz gezielt nach der Größe ihres Riechzinkens auswählen. Je größer die Nase eines Nasenaffenmannes ist, desto besser sind seine Chancen bei der Damenwelt. Die übrigens nur über normalgroße Nasen verfügt.

Trotzdem ist das Riechorgan der Affenherren namensgebend für die ganze Art, denn immerhin bringt es der birnenförmige Riesenzinken der Männchen auf eine Länge von bis zu zwanzig Zentimetern. Was in etwa so aussieht, als hätte man Pinocchio mit dem französischen Schauspieler Gerard Depardieu gekreuzt.

Aber offensichtlich ist die beeindruckende Nase der Affenmänner nicht nur ein reines Sexual-Statussymbol, sondern gleichzeitig eine Multifunktionsnase. Der große Riechkolben dient nämlich als körpereigene Resonanzkammer, die die Warn- und Paarungsrufe der Affenherren verstärkt.

Darüber hinaus findet die Nase eine weitere ziemlich praktische Anwendung: Bei der Durchquerung eines Gewässers nutzen die langarmigen Primaten, bei denen es sich übrigens – ziemlich untypisch für Affen – um hervorragende Schwimmer handelt, das gewaltige Organ als eine Art Schnorchel. Hier befinden sich die Weibchen also klar im Nachteil, da sie Flussüberquerungen ohne körpereigenen Schnorchel bewältigen müssen.

Jedoch bringt so ein gewaltiger Zinken durchaus auch Nachteile mit sich. Die Nase, die hormonell bedingt bis ins hohe Alter munter weiterwächst, ist nämlich bei der Nahrungsaufnahme gewaltig im Weg und muss deshalb bei jeder Mahlzeit mit einer Hand beiseitegeschoben werden, während der Affe mit der anderen Hand versucht, den Leckerbissen möglichst schnell im Mund unterzubringen.

In manchen Gegenden Borneos werden die tagaktiven Nasenaffen von den Ureinwohnern übrigens schon seit vielen Jahren »Orang Belanda«, zu Deutsch »Holländer«, genannt. Mit dieser Bezeichnung will man wohl auf die ehemaligen Kolonialherren anspielen. Und tatsächlich besteht zwischen den damaligen meist ziemlich fülligen Plantagenbesitzern mit ihren aus der Sicht von Asiaten so langen und obendrein meist sonnenverbrannten Nasen und männlichen Nasenaffen eine gewisse Ähnlichkeit. Die Affenherren zeichnen sich nämlich, obwohl sie von Biologen zur Gruppe der sogenannten Schlankaffen gerechnet werden, ebenfalls durch einen gewaltigen Bauch aus.

Verantwortlich für die Wampe ist das besondere Verdauungssystem der Nasenaffen. Weil sie sich bevorzugt von Blättern und Früchten ernähren, einer nicht gerade leicht verdaulichen und schon gar nicht energiereichen Nahrung, müssen Nasenaffen ständig futtern, um nicht vom Fleisch zu fallen. Dazu besitzen sie einen stets gut gefüllten Magen und würgen, genau wie Kühe und andere Wiederkäuer, die einmal geschluckte Nahrung zu einem späteren Zeitpunkt wieder hoch, kauen und schlucken erneut. Die Wissenschaft vermutet, dass die Affen dadurch das Grünzeug besser verwerten können.

Wird der Nasenaffe von den meisten Menschen als ziemlich hässlich empfunden, gibt es durchaus auch echte Fans des dickbäuchigen Waldbewohners. So schrieb bereits 1848 der britische Naturforscher Hugh Low: »Ein äußerst ansehnlicher Affe, der fast so groß wie ein Orang Utan ist, aber ein deutlich weniger abstoßendes Erscheinungsbild aufweist.«

Nebenbei: Nasenaffenmänner benehmen sich nicht immer salonfähig. Bei jeder passenden oder unpassenden Gelegenheit stellen sie ihren erigierten Penis zur Schau. Eine Attitüde, die natürlich nichts mit der Bezeichnung »Orang Belanda« zu tun hat.

Der Fußpfleger aus dem Aquarium
(Rötliche Saugbarbe)

In den letzten Jahren sind in vielen Ländern, auch in Deutschland, sogenannte Fisch-Spas wie Pilze aus der Erde geschossen. Es handelt sich dabei um kommerzielle Einrichtungen, in denen sich kleine, gerade mal zehn Zentimeter große Fische als Fußpfleger betätigen. In speziell eingerichteten Aquarien knabbern sie den Kunden die Hornhautschuppen von den Füßen, verabreichen den zahlenden Gästen also quasi eine tierische Pediküre. Nach Angaben der Betreiber kommt es durch das Kitzeln und Saugen der zahnlosen Fischchen gleichzeitig zu einer wohltuenden Massage der Fußmuskulatur.

Bei den beflossten Fußpflegern handelt es sich um die Rote Saugbarbe, eine Fischart, die in den Badebecken von Heißwasserquellen in der Nähe von Kangal, einer kleinen Stadt in Anatolien, entdeckt wurde. Daher stammt auch der Umgangsname »Kangalfische«.

Doch warum knabbern die Minifußpfleger so fleißig an der Hornhaut ihrer menschlichen Patienten? Die Antwort ist vergleichsweise simpel: Sie werden vom Hunger dazu getrieben! Aufgrund der hohen Temperaturen gibt es in den Quellbecken kaum tierisches oder pflanzliches Plankton, wodurch die Fische gezwungen sind, auf andere Nahrungsquellen auszuweichen. Und die Hautschuppen von Menschen, die in diesen Gewässern baden, sind ein leicht zugängliches und obendrein eiweißhaltiges Futter für die kleinen Knabberer. Ausgerechnet verhornte Haut bevorzugen die Fußpflegerfische deshalb als

Nahrung, weil sie leichter abzuknabbern ist als weiche, glatte Haut.

Das haben sich Wellness-Betreiber zunutze gemacht und das Fischknabbern erfolgreich als Must-Have vermarktet. So wird ein Besuch im Fisch-Spa inzwischen gern mal zum Social Event. Da wird schon mal eine Weihnachtsfeier abgehalten oder mit ein paar Glas Prosecco ein Junggesellinnenabschied gefeiert, während die Barben fleißig an den Füßen knabbern. Und wer sich die Wartezeit vor der Urlaubsreise verkürzen bzw. nicht auf Hornhautsohlen reisen will, der kann seine Füße sowohl auf dem Londoner als auch auf dem New Yorker Flughafen noch schnell einer verschönernden Fischbehandlung unterziehen.

Doch Achtung: Wie überall gibt es leider auch unter den Fisch-Spa-Betreibern schwarze Schafe. Zum Beispiel arbeiten in Thailand einige Anbieter nicht mit Saugbarben, sondern mit einer anderen, günstigeren Fischart, dem Döbel. Der nagt zwar genauso brav Hautschuppen ab und besitzt ebenfalls keine Zähne, dafür aber eine derart scharfe Hornleiste, dass er die gesunde Haut beschädigen kann. Gleichzeitig ist oft mangelnde Hygiene ein Problem. So werden in vielen Fisch-Spas die Füße vor und nach der Therapie nicht desinfiziert, was für Kunden mit nicht verheilten Verletzungen oder Infektionen an Füßen und Beinen schnell unangenehm werden kann. Ohne gründliche Desinfizierung ist eine Übertragung von Bakterien und anderen Mikroorganismen durch die Fische oder das umgebende Wasser möglich. Also Augen auf bei der Wahl des Anbieters!

Neben Wellness-Tempel-Betreibern hat auch die Gesundheitsindustrie die Rote Saugbarbe für sich entdeckt. Denn sie betätigt sich nicht nur als Fußpfleger, sondern auch als eine Art

»Doktorfisch«. Vor einigen Jahren hat man nämlich herausgefunden, dass Saugbarben die Symptome der Schuppenflechte deutlich lindern können. Lässt man die Fische die erkrankten Hautpartien abknabbern, kommt darunter erneuerte und gesunde Haut zum Vorschein. Zwar kann man Schuppenflechte mit der »Doktorfisch-Therapie« keinesfalls heilen. Viele Patienten berichten jedoch über eine oft monatelang anhaltende Linderung der Symptome wie das Einreißen, Jucken und Spannungsgefühl der Haut sowie eine Verbesserung ihres Erscheinungsbildes.

In einer 2006 von österreichischen Wissenschaftlern veröffentlichten Studie konnte gezeigt werden, dass die Therapie mit Knabberfischen eine »brauchbare Behandlungsmöglichkeit« für Patienten mit Schuppenflechte darstellt. Insgesamt 67 Schuppenflechtepatienten wurden über drei Jahre hinweg von »Doktorfischen« beknabbert und anschließend mit ultraviolettem Licht behandelt. Bei 44 Prozent der Patienten gingen die Hauterscheinungen um mindestens 75 Prozent zurück, bei weiteren 44 Prozent um mindestens 50 Prozent. Nur bei neun Prozent war die Wirkung lediglich geringfügig. Es gab keinen Patienten, der überhaupt nicht auf die Therapie angesprochen hatte. Nebenwirkungen konnten nicht beobachtet werden.

Der Gigantenlurch
(Chinesischer Riesensalamander)

Mit einer Länge von bis zu zwanzig Zentimetern und einem Körpergewicht von bis zu fünfzig Gramm ist der Feuersalamander unsere größte heimische Salamanderart. Im Vergleich zum Chinesischen Riesensalamander ist er jedoch geradezu ein Winzling. Dieser Salamander, der in den klaren Gebirgsbächen Chinas heimisch ist, wird nämlich bis zu zwei Meter lang und erreicht dabei ein Gewicht von sechzig Kilogramm und mehr. Damit ist er das größte und schwerste Amphibium der Welt.

Aber nicht nur in Sachen Größe, sondern auch im »Hochgeschwindigkeitsfressen« liegen Chinesische Riesensalamander weit vorne. Wie Untersuchungen mithilfe von Hochgeschwindigkeitskameras zeigten, saugt der Gigantensalamander seine Beute – einen kleinen Fisch oder eine fette Garnele – innerhalb weniger Hundertstelsekunden in sein riesiges Maul hinein. Eine Bewegung, die so schnell ist, dass das menschliche Auge sie gar nicht mitbekommt. Die Technik dazu ist vergleichsweise simpel: Der Riesensalamander, der in kalten Fließgewässern Chinas lebt, öffnet zunächst mithilfe einer stark ausgeprägten Muskulatur blitzartig sein Maul. Dadurch entsteht ein gewaltiger Unterdruck, der dafür sorgt, dass Beutetier und das umgebende Wasser sofort in den Schlund eingesogen werden. Nach Beendigung des hocheffizienten Saugvorgangs wird das überschüssige Wasser durch das leicht geöffnete Maul wieder abgegeben.

Auch was das Alter betrifft, sind Chinesische Riesensalamander zumindest bei den Amphibien führend. 2015 fand man nämlich einen rund einen Meter dreißig langen und 52 Kilogramm schweren Riesensalamander, dem Experten ein Alter von stolzen zweihundert Jahren bescheinigten. Der Salamander hatte also nicht nur die Chinesische Kulturrevolution, sondern auch den Boxeraufstand und die beiden chinesischen Opiumkriege miterlebt. Warum es sich bei den Riesensalamandern um die Methusaleme unter den Amphibien handelt, hat die Wissenschaft allerdings noch nicht herausgefunden.

Ein Vorfahre des Chinesischen Riesensalamanders darf sogar für sich in Anspruch nehmen, für einen der größten wissenschaftlichen Irrtümer aller Zeiten gesorgt zu haben. Als nämlich 1725 der Züricher Arzt, Naturforscher und Universalgelehrte Johann Jakob Scheuchzer einige versteinerte Knochen in den rund 14 Millionen Jahren alten Ablagerungen des Öhninger Steinbruchs am Bodensee fand, war er fest davon überzeugt, das Skelett eines in der Sintflut ertrunkenen Menschen entdeckt und damit einen wichtigen Beweis für die wörtliche Richtigkeit der Bibel gefunden zu haben. Scheuchzer gab dem Skelett auch gleich einen Namen: Homo diluvii testis (der Mensch als Zeuge der Sinflut). Die Theorie vom »Sintflutopfer« konnte sich, bedingt unter anderem durch den schlechten Erhaltungszustand der Knochen, mehrere Jahrzehnte lang halten. Erst 1811 fand der berühmte Paläontologe und Begründer der vergleichenden Wirbeltieranatomie, Georges Cuvier, heraus, um was es sich beim »Sintflutopfer von Öhningen« wirklich handelte, nämlich um die Reste eines fossilen Riesensalamanders, der im Tertiär auch in Europa noch heimisch war.

Leider ist der Chinesische Riesensalamander massiv vom Aussterben bedroht, da viele seiner Lebensräume in den letzten Jahren verloren gegangen sind. Hinzu kommt, dass trotz strengen internationalen Schutzes durch das Washingtoner Artenschutzübereinkommen Chinesische Riesensalamander immer wieder von Einheimischen geangelt (!) und auf lokalen Märkten angeboten werden. Das Fleisch der gigantischen Lurche gilt nämlich als Delikatesse und findet darüber hinaus in der Volksmedizin Verwendung.

Leuchtfische (Zebrabärbling)

Ein Aquarium, in dem nachts bei völliger Dunkelheit die Fische in fünf verschiedenen grellen Farben leuchten, sozusagen Glühwürmchen mit Flossen – wäre das nicht der Traum eines jeden Aquarianers? Dank moderner Biotechnologie können sich in den USA Freunde der Heimfischhaltung diesen Traum seit einigen Jahren tatsächlich erfüllen.

Seinen Anfang nahm die biologische Skurrilität der Leuchtfische 1999 in Singapur. Dort isolierten Wissenschaftler der heimischen Universität zunächst aus einer »Leucht-Qualle« namens Aequorea victoria ganz gezielt das Gen, das für die Herstellung des sogenannten Grün Fluoreszierenden Proteins (GFP) verantwortlich ist. Ein Protein, das dafür sorgt, dass die Qualle unter ultraviolettem Licht grün leuchtet. Das isolierte Leuchtgen schleuste man in das Erbgut eines Zebrabärblings, eines beliebten Aquarienfisches, ein. Später kamen neben Grün weitere Farbvarianten hinzu, etwa Rot aus dem Erbgut einer Seeanemone sowie Gelb aus einem weiteren Quallengen.

Die Züchtung der Leuchtfische erfolgte jedoch keineswegs, um Aquarianern eine besondere Freude zu bereiten, sondern hatte einen durchaus ernsthaften Hintergrund. Die Wissenschaftler wollten einen Modellorganismus schaffen, der in der Lage ist, in einem Gewässer Umweltverunreinigungen aufzuspüren.

Dazu koppelten die Forscher das Fluoreszenz-Protein an einen biologischen Detektor. So können die präparierten Fische in bis zu fünf verschieden Farben aufleuchten, wenn das untersuchte Gewässer bestimmte Schadstoffe enthält.

2004 erkannte dann ein kleines amerikanisches Unternehmen namens Yorktown Technologies die Chance, mit den Leuchtfischen bei Aquarianern so richtig Kasse zu machen, und sicherte sich weltweit die Rechte an den gentechnisch veränderten Fischen. Noch im selben Jahr kamen die bunten Zebrabärblinge als GloFish® in den Handel und fanden in den USA, aber auch in Taiwan reißenden Absatz. Damit waren Leuchtfische die ersten gentechnisch veränderten Tiere, die zumindest in den USA als Haustiere frei erhältlich sind.

Mittlerweile sind Leuchtfische in den einschlägigen Zoofachgeschäften in den USA in allen fünf verschiedenen Farbvarianten zu erhalten. Das Farbspektrum der Fische reicht dabei von »Electric Green« bis hin zu »Cosmic Blue«.

Übrigens: Beim GloFish® ist der biologische Detektor abgeschaltet. Er eignet sich also nicht, um Aussagen über die Wasserqualität seines Aquariums zu treffen. Jedenfalls nicht über seine Farbgebung.

Für Amerikaner, denen leuchtende Fische im heimischen Aquarium auf die Dauer nicht extravagant genug sind, gibt es seit einiger Zeit den allerletzten Schrei: Glowing Sushi (Leucht-Sushi). Frische Leuchtfische, mit Reis und Algen umwickelt, als »California Roll« bzw. »Cryptonite-Sushi« dargeboten. Die Leucht-Sushi-Produktion geht – ein bisschen Fingerspitzengefühl vorausgesetzt – auch bequem zu Hause. In einem mittlerweile bereits zum Kult gewordenen YouTube-Video zeigen Köche der »Glowing Sushi Cooking Show« detailliert, wie man eine perfekte »Leucht-Sushi-Platte« herstellt und, im wahrsten Sinne des Wortes, ins rechte Licht rückt. Ach ja, achten Sie bei der Zubereitung bitte unbedingt darauf, dass Sie auf zu hohe

Temperaturen und Essig sowie andere säuerliche Zutaten verzichten, da Ihr Buffet ansonsten ganz schnell wieder im Dunkeln steht: Hitze und Säure zerstören das GFP-Protein. Natürlich versichern die Experten der »Glowing Sushi«-Website ihrer geneigten Kundschaft, dass der Verzehr von Leuchtfischen für die Gesundheit des Konsumenten völlig unbedenklich sei.

Trotzdem werden bei uns in Deutschland in absehbarer Zeit leuchtende Fische weder in den heimischen Aquarien noch in einer Sushi-Rolle zu finden sein, da der Vertrieb und die Zucht gentechnisch veränderter Tiere in der Europäischen Union streng verboten ist.

Nebenbei: Leuchtfische sind bei Weitem nicht die einzigen Tiere, die dank Gentransfer in der Dunkelheit leuchten. 2007 klonten koreanische Wissenschaftler Katzen, die im Dunkeln rot bzw. grün leuchten, wenn man sie mit Schwarzlicht bestrahlt. Mit einer ähnlichen Methodik wurden auch leuchtende Hühner, Kaninchen, Schafe und sogar Affen erschaffen. Und die vererben ihre Leuchtfähigkeit, zumindest teilweise, sogar an ihren Nachwuchs weiter.

Fisch mit Wasserspritzpistole (Schützenfisch)

Eine für Tiere und besonders für Fische einmalige Jagdtechnik hat der Schützenfisch entwickelt. Das rund zwanzig Zentimeter große Tier, das im Brackwasser Südostasiens lebt, schießt nämlich mit einer körpereigenen Wasserspritzpistole auf Insekten und andere Kleintiere, die es sich auf über dem Gewässer hängenden Zweigen der Ufervegetation gemütlich gemacht haben. Hat der Schützenfisch seine Beute erspäht, formt er aus Gaumendach und Zunge eine Art Pistolenlauf, durch den er durch Zusammenpressen der Kiemendeckel und mithilfe einer speziellen Schlundmuskulatur einen scharfen Wasserstrahl schicken kann. Und vor dem ist dann nicht einmal die leckere Heuschrecke sicher, die in zwei Metern Entfernung auf dem Blatt eines Baumes sitzt. Der Schützenfisch schießt seine Beute herunter, die daraufhin völlig hilflos auf der Wasseroberfläche treibt, wo der erfolgreiche Jäger sie nur noch einzusammeln braucht.

Allerdings ist Schuss keineswegs gleich Schuss. War die Wissenschaft lange Zeit davon ausgegangen, dass die Überwasserjäger stets mit der gleichen Wucht auf ihre Beute feuern, haben deutsche Wissenschaftler vor einigen Jahren mithilfe hochauflösender Aufnahmen von jagenden Schützenfischen herausgefunden, dass die Tiere im Gegenteil mit einer sogenannten »zielgruppenorientierten Feuerkraft« arbeiten. Will heißen, sie schießen ihre bedauernswerten Opfer mit einem maßgeschneiderten Kaliber vom Ast. Die Fische passen die

Wassermenge ihrer Spritz-
ladung nämlich exakt an
die Größe und die Stand-
festigkeit ihrer Zielobjekte
an. Schließlich benötigt
man deutlich mehr Was-
ser, um eine fette Eidechse
vom Zweig zu fegen, als
für einen vergleichsweise
winzigen Käfer. Auf diese
Weise sind Schützenfische
erfolgreiche Energiespa-
rer, da ein großer Wasserstrahl wesentlich aufwen-

diger zu produzieren ist als ein kleiner.

Übrigens: Wenn es um die Zielgenauigkeit geht, gilt offensichtlich auch für Schützenfische das alte Sprichwort von der
Übung, die den Meister macht. Untersuchungen haben nämlich gezeigt: Je größer, älter und damit auch routinierter ein
Schützenfisch ist, desto höher seine Treffsicherheit.

Um tatsächlich einen Treffer zu erzielen, muss der Schützenfisch allerdings erst noch ein optisches Hindernis überwinden.
Da sich sein potenzielles Opfer stets oberhalb der Wasseroberfläche aufhält, während sich der Fisch und damit natürlich auch
seine Augen unterhalb der Wasseroberfläche befinden, muss
der beflosste Schütze mit der Lichtbrechung an der Kante zwischen Wasser und Luft zurechtkommen. Um deren Wirkung so
gering wie möglich zu halten und Fehlschüsse zu vermeiden,
hat sich der clevere Wasserjäger gleich zwei Strategien einfallen
lassen. Zum einen stellt sich der Schützenfisch im Wasser stets
senkrecht unter sein anvisiertes Ziel. Durch diesen Kniff be-

trägt die Differenz zwischen der scheinbaren und der tatsächlichen Position seiner Beute in den meisten Fällen gerade mal einen Zentimeter. Und den überbrückt der Schützenfisch mit einer ausgeklügelten Schusstechnik: Ähnlich wie ein Maschinengewehrschütze, der mit einem Feuerstoß eine ganze Fläche abdecken will, zielt der Schützenfisch mit seinem Wasserstrahl etwas zu tief und lässt ihn dann durch Verstellung der Körperlängsachse langsam nach oben wandern. Bei einer solchen »Salve« ist todsicher ein Treffer dabei.

Penisgefechte (Pseudoceros bifurcus)

Das Liebesleben von Zwittern ist nicht gerade von Harmonie geprägt. Zwitter oder Hermaphroditen, wie man wissenschaftlich Tiere bezeichnet, die sowohl mit weiblichen als auch mit männlichen Geschlechtsorganen ausgestattet sind, wollen beim Sex nämlich bevorzugt die Männerrolle übernehmen. Die Rolle des Weibchens erscheint ihnen dagegen deutlich weniger begehrenswert.

Dafür gibt es gleich zwei gute Gründe: Die Produktion von winzigen Spermien ist mit einem deutlich geringeren energetischen Aufwand verbunden als die Herstellung von großen Eizellen. Vorteil Mann. Und natürlich hat auch ein Zwitter, genau wie ein »normales« Männchen im Tierreich, ein großes Interesse daran, mit seinen Spermien möglichst viele Sexualpartner zu besamen, und nicht etwa umgekehrt. Nur so hat er doch die Möglichkeit, seine eigenen Gene breit gestreut weiterzugeben. Und das ist es ja, worauf es im Tierreich bei Männern wirklich ankommt.

Wenn also zwei liebeshungrige Zwitter aufeinandertreffen, so ist der Konflikt bereits vorprogrammiert. Beide wollen ihrem Partner die eigenen Spermien übertragen, gleichzeitig jedoch, bitte schön, bloß nicht selbst besamt werden. Um ein bekanntes Bibelwort zu zitieren: »Geben ist seliger denn Nehmen.« Auch bei Zwittern.

Beim zwittrigen Strudelwurm Pseudoceros bifurcus wird dieser Konflikt von den Partnern im wahrsten Sinne des Wortes ausgefochten. Die gerade mal sechs Zentimeter großen Meeresbewohner, die im Pazifik zuhause sind, liefern sich Fechtduelle, die sogar einen Degen-Olympiasieger in Erstaunen versetzen würden. Als Waffe nutzen die Würmer natürlich keinen Degen, sondern, man höre und staune, den eigenen Penis. Wie beim Sportfechten geht es auch bei den Penis-Duellen der Strudelwürmer darum, Treffer zu erzielen, ohne dabei selbst getroffen zu werden. Die kämpfenden Würmer versuchen nämlich, sich mit ihrer gewöhnungsbedürftigen Waffe gegenseitig Spermien unter die Haut zu stechen. Ist das Sperma erst im Körper des Gegners angelangt, verteilt es sich dort und befruchtet die Eizellen in den Eierstöcken. Die Penisgefechte können bis zu einer Stunde andauern und enden erst, wenn ein Kombattant einen Treffer erzielt hat. So trägt der Verlierer neben einer ziemlich unangenehmen Verwundung später auch noch die Kosten für die energetisch aufwendige Eierproduktion. Der Gewinner dagegen steht gut da, erfolgt doch die Weitergabe seiner Gene fast ausschließlich auf Kosten des Partners. Wie bei allen zweigeschlechtlichen Spezies auch. Nur dass bei denen die »Leidtragende« von vornherein feststeht.

Übrigens: In Sachen Penisfechten sind die bunten Strudelwürmer nicht allein. Nach Beobachtungen des niederländischen Verhaltensforschers Frans de Waal frönt auch unsere nächste Verwandtschaft im Tierreich dieser Tätigkeit. Der Forscher konnte nämlich bei Bonobos, den sogenannten Zwergschimpansen aus Zentralafrika, beobachten, wie von Ästen herabbaumelnde Affenherren sich wilde Gefechte mit ihrem besten Stück lieferten. Allerdings ging es hier weder um das Ausfechten von Vater- bzw. Mutterrolle. Die Affen fochten offensichtlich lediglich zu ihrem eigenen Vergnügen und hatten scheinbar jede Menge Spaß dabei.

Landstreicher mit Flossen (Kletterfisch)

Stellen Sie sich einen Fisch vor, der bis zu sechs Tage lang außerhalb des Wassers überlebt, locker über trockenes Land marschieren kann und jedes Tier erstickt, das versucht, ihn zu fressen. Sie glauben, das gibt es nicht? Dann sollten Sie die Bekanntschaft mit dem Kletterfisch machen!

Rein äußerlich ist ihm von seinen besonderen Eigenschaften nichts anzumerken. Das rund 25 Zentimeter große Tier erinnert auf den ersten Blick stark an einen ganz normalen Barsch und ist in Südostasien weit verbreitet. Dort lebt es in langsam fließenden Flüssen und Teichen oder in kleinen Tümpeln, Bewässerungsgräben und sogar in Reisfeldern. Seine Nahrung besteht in der Hauptsache aus Algen und der Brut anderer Fischarten. In seiner Heimat gilt er als wertvoller Speisefisch, dessen festes Fleisch von Kennern sehr geschätzt wird.

Berühmt gemacht hat den Kletterfisch eine Fähigkeit, die bei Fischen sehr wahrscheinlich einmalig ist: Droht sein Heimatgewässer durch anhaltende Trockenperioden auszutrocknen, sucht er sich einfach ein neues. Und marschiert dabei über Land. Für den nötigen Vortrieb sorgen die kräftigen Brustflossen sowie seine bestachelten Kiemendeckel, die es dem kleinen Fisch ermöglichen, bei seinen Märschen über Land zappelnd und schlängelnd vorwärtszugelangen. Mit dieser Fortbewegungsmethode schafft der Kletterfisch pro Nacht immerhin Strecken von bis zu 180 Metern, um zu einer neuen Wasserstelle zu gelangen.

Dass der beflosste Landstreicher bei seinen Wanderungen über Land nicht erstickt, dafür sorgt das sogenannte Labyrinthorgan, ein lungenähnliches Spezialatemorgan, das sich im Kopfbereich des Kletterfisches befindet und ihm erlaubt, Sauerstoff aus der Luft aufzunehmen. Eingeatmet wird dabei mit weit geöffnetem Maul. Die verbrauchte Luft strömt über die Kiemendeckel aus.

Seinen für einen Fisch mehr als ungewöhnlichen Namen verdankt der Kletterfisch der Tatsache, dass man ihn angeblich einmal in anderthalb Meter Höhe in einem Baum gefunden hat. Einen Namen, den der seltsame Fisch zu Unrecht trägt. Neuere Untersuchungen zeigen nämlich, dass der Kletterfisch sich zwar durchaus an Land bewegen kann, dass seine Landgangfähigkeiten jedoch keineswegs ausreichen, um einen Baum zu besteigen

Eine weitere Besonderheit des Kletterfisches ist aber seine Fähigkeit, körperlich überlegenen Fressfeinden den Garaus zu machen. Versuchen ein Raubfisch oder ein Reiher den Kletterfisch zu verzehren, bläht er sich in der Kehle seines Gegners so lange auf, bis dieser jämmerlich erstickt. Dummerweise handelt es sich bei dieser Defensivstrategie jedoch um eine geradezu selbstmörderische Taktik, da sie in den allermeisten Fällen auch für den Kletterfisch tödlich endet. Die im Maul ihres Fressfeindes oft regelrecht festgekeilten Fische können sich nämlich oft nicht mehr befreien und müssen daher meist ebenfalls jämmerlich verenden. Eine echte »Loose-loose-Situation« im Tierreich.

Schlagkräftige Aliens (Fangschreckenkrebse)

Sie sehen aus wie Aliens, die einem Science-Fiction-Film der Sechzigerjahre entsprungen sind: Fangschreckenkrebse, bizarre Meeresbewohner, die nicht nur mit den schnellsten, sondern auch mit den härtesten Waffen im Tierreich ausgerüstet sind.

Sie gehören, wie der bei Feinschmeckern so überaus beliebte Hummer, zu den sogenannten höheren Krebsen. Vom Habitus her erinnern sie dagegen eher an eine Gottesanbeterin, daher auch ihr Zweitname: Heuschreckenkrebs.

Die Größe der Fangschreckenkrebse variiert von ein bis zwei Zentimetern bis hin zu weit über dreißig Zentimeter. Zu finden sind die skurrilen Meeresbewohner, deren Familie fast vierhundert Arten aufweist, vor allem auf Korallenriffen im indopazifischen Raum. Bevorzugte Nahrung sind Garnelen, Krabben, Würmer, kleine Fische, Schnecken und Muscheln.

Von ihrem Jagdverhalten her kann man die Fangschreckenkrebse in zwei Gruppen unterteilen: Die sogenannten Speerer, die ihre Beute mit speziellen Fangbeinen aufspießen und, deutlich interessanter, die Schmetterer, die ihre Beute mit zu Keulen umgebildeten Fangbeinen regelrecht zertrümmern.

Die Schmetterer halten gleich zwei Weltrekorde: Zum einen führen sie den härtesten Schlag und zum anderen die schnellste Bewegung im Tierreich aus. Mit ihrer Beinkeule erreichen die Krebse eine Geschwindigkeit von 23 Metern pro Sekunde – das entspricht 85 Stundenkilometern – und das unter Wasser! Der

Schlag dauert gerade mal drei Tausendstel einer Sekunde, was vierzigmal schneller ist als ein menschlicher Lidschlag. Die beim Schlag auftretenden Beschleunigungen betragen das bis zum Achttausendfache der Erdbeschleunigung.

Eine derartige Geschwindigkeit lässt sich nicht allein mit purer Muskelkraft erzielen. Für ihre Rekordschläge verriegeln Fangschreckenkrebse ihre Fangbeine regelrecht, indem sie Teile ihres Skeletts verhaken. Anschließend spannen sie ihre enormen Muskeln an. Dadurch entsteht, wie bei einem gespannten Bogen, eine gewisse Vorspannung. Aus der heraus lassen die Krebse ihre Keulenbeine ähnlich wie eine Peitsche vorschnellen und können so mit Höchstgeschwindigkeit auf ihr Opfer einprügeln.

Durch das rasante Tempo und die harte Aufschlagfläche der Keulen sind Fangschreckenkrebse in der Lage, auch den härtesten Krebspanzer oder eine Muschelschale zu zertrümmern. Es gibt Aquarianer, die behaupten, ihr Fangschreckenkrebs hätte sogar die Glaswand ihres Aquariums eingeschlagen. Die Aufprallwucht der Keulen ist durchaus mit der einer Pistolenkugel zu vergleichen. Damit erreichen Fangschreckenkrebse eine Schlagstärke, die etwa dem Tausendfachen des eigenen Körpergewichts entspricht. Zum Vergleich: Der Boxer Mike Tyson hatte auf dem Höhepunkt seiner Karriere eine Schlagkraft von 590 Kilogramm – also gerademal dem etwa Sechsfachen seines Körpergewichtes.

Dass die Keulen der Fangschreckenkrebse einen solch gewaltigen Aufprall unbeschadet überstehen, hängt mit dem raffinierten Aufbau ihrer Panzerung zusammen. Mithilfe eines Elektronenmikroskops haben amerikanische Wissenschaftler herausgefunden, dass diese Panzerung aus drei völlig unterschiedlichen Schichten aufgebaut ist. Die oberste Schicht, so-

zusagen die Trefferfläche, besteht aus Hydroxylapatit, einem Material, das zum Beispiel auch unseren Zähnen ihre Härte verleiht. Jedoch ist Hydroxylapatit eine sehr spröde Substanz, und würde die Schlagfläche allein daraus bestehen, würde die Krebskeule sehr schnell zerbröseln. Daher kommt hier die zweite Schicht ins Spiel. Die besteht aus einem organischen Polymer namens Chitosan. Ein Material, das verhindert, dass sich Risse im Panzer weiter ausbreiten, und das gleichzeitig dafür sorgt, dass die Trefferfläche insgesamt zäher wird. Die dritte aus verschiedenen weichen Materialien bestehende Schicht hat die Aufgabe, die Energie des Aufschlags zu dämpfen.

Nebenbei: Vom Geschmack ihres Fleisches her sind Fangschreckenkrebse (zumindest die großen Exemplare) durchaus mit einem Hummer zu vergleichen. Allerdings gibt es bei der Zubereitung ein klitzekleines Problem: Beim Kochvorgang (wer könnte ihnen das verdenken!) urinieren die Fangschreckenkrebse noch mal kräftig ins Wasser. In der chinesischen Küche, in der sie als große Delikatesse gelten, werden sie deshalb auch als »Pisskrebs« bezeichnet und vor dem Kochen aufgespießt, um die Blase zu entleeren, bevor ihr Inhalt die edle Mahlzeit verdirbt.

Kakerlakenmilch (Diploptera punctata)

Nein, die besten Freunde des Menschen sind Kakerlaken wirklich nicht. Im Gegenteil, die auch als Schaben bezeichneten Insekten sind in den Augen der meisten Menschen echte Ekeltiere. Und diese Einschätzung hat durchaus ihre Berechtigung, schließlich treiben sich Kakerlaken gern an Orten herum, die wir aus Hygienegründen meiden, wie etwa Müllgruben oder die Kanalisation. Schlimmer noch, die genauso agilen wie fortpflanzungsfreudigen Krabbeltiere können Allergien und Asthma auslösen und gefährliche Erreger wie etwa Salmonellen übertragen – keine Eigenschaften, mit denen man punkten kann. Und als ob das alles noch nicht genug wäre, vernichten die üblen Insekten durch Fraß, Kot und Häutungsreste auch noch unsere Lebensmittel.

Möglicherweise werden jedoch in den nächsten Jahren die Sympathiewerte der ungeliebten Krabbeltiere deutlich steigen – zumindest die der Diploptera punctata, einer Kakerlakenart, die in Südostasien, Australien und der pazifischen Inselwelt zu Hause ist. Die rund vier Zentimeter große Schabe könnte nämlich einen wesentlichen Beitrag dazu leisten, den Welthunger zu bekämpfen.

Um das zu verstehen, muss man die Lebensgewohnheiten des pazifischen Krabbeltieres etwas genauer unter die Lupe nehmen. Denn die sind, zumindest was die Fortpflanzung betrifft, ziemlich ungewöhnlich. Diploptera punctata gehört zu den wenigen Insektenarten, die ihren Nachwuchs lebend gebären und mit in den Brustdrüsen selbst produzierter Milch versorgen, die nebenbei erwähnt nicht etwa flüssig ist, sondern aus kleinen Kristallen besteht.

Wie indische Wissenschaftler herausgefunden haben, ist diese kristalline Kakerlakenmilch äußerst nahrhaft, enthält sie doch neben Zucker und Fett auch alle essenziellen Aminosäuren. Kakerlakenmilch ist etwa dreimal so energiereich wie Kuhmilch und damit eine echte Kalorienbombe. Das macht sie als zukünftiges Lebensmittelprodukt für uns Menschen, gerade in der Dritten Welt, interessant. Oder um eine Wissenschaftlerin zu zitieren: »Für Menschen, die hungern, könnten die Kakerlakenmilchkristalle eine Möglichkeit sein, um schnell an viele wichtige Nährstoffe zu kommen.«

Wie will man aber an die so wertvolle Nahrung der Kakerlakenbabys gelangen? Wer an Miniaturmelkmaschinen denkt, hat natürlich weit gefehlt, denn wie eine Kuh lässt sich eine Kakerlake nicht anzapfen. Hingegen ist es der Wissenschaft gelungen, das Erbgut von Diploptera punctata zu entschlüsseln, was wiederum bedeutet, dass man die Milch mithilfe von gentechnisch veränderten Bakterien im Reagenzglas herstellen kann. Und ist diese Massenproduktion erst einmal angelaufen, ist es durchaus nicht unwahrscheinlich, dass in vielen Ländern der Welt der Tag mit einem Glas Kakerlakenmilch beginnt.

Der Unterwasserputzsalon (Putzerlippfisch)

Sogenannte Symbiosen sind im Tierreich weit verbreitet. Bringt doch das Prinzip eines Geschäfts auf Gegenseitigkeit, das Prinzip von Geben und Nehmen, beiden Partnern einen Vorteil.

Geradezu ein Paradebeispiel für eine erfolgreiche Symbiose ist das Verhältnis des sogenannten Putzerlippfischs zu seiner Kundschaft. Wenn man es aus dem Blickwinkel der Wirtschaft betrachtet, dann ist der Putzerlippfisch oder Putzerfisch, wie der etwa fingerlange Wasserbewohner der Einfachheit halber gern genannt wird, ein klassischer Dienstleister. Er verdient sich seine tägliche Nahrung nämlich dadurch, dass er größeren Fischen die lästigen Parasiten aus ihrem Schuppenkleid herauspickt und dann natürlich verzehrt. »Nahrung gegen Hygiene« lautet der für beide Seiten so vorteilhafte Deal, den Putzerfisch und »Kundenfisch« miteinander eingehen.

Beim »Kundenfischreinigen« handelt es sich fast ausnahmslos um einen stationären Service. Die Putzerfische unterhalten an meist markanten, für ihre geneigte Kundschaft gut erkennbaren Stellen an Riffen sogenannte Putzstationen, an denen ein Putzerfischmännchen mit seinen drei bis sechs Weibchen lebt und seine Dienstleistungen anbietet.

Ganz ohne Tücken funktioniert die Symbiose jedoch nicht. Da wäre zunächst einmal die Tatsache zu berücksichtigen, dass Putzerfische im Regelfall auf der Speisekarte ihrer geneigten Kundschaft stehen. Um zu verhindern, dass die Dienstleistung für den Putzerfisch im Magen des Kunden endet, hat sich im

Laufe der Evolution ein raffiniertes Kommunikationsverfahren entwickelt. Zunächst ist der Raubfisch gefragt, der durch rhythmisches Öffnen des Mauls und der Kiemendeckel und Abspreizen seiner Flossen anzeigt, dass er im Augenblick ganz sicher keinen Appetit verspürt, sondern dringend einer Säuberung bedarf. Die Putzerfische ihrerseits besiegeln den Deal, indem sie ihren Kunden durch die Präsentation ihrer auffälligen Längsstreifen zeigen, dass sie bereit sind, mit der Säuberungsaktion zu beginnen. Hat der Raubfisch pantomimisch seine Einwilligung erteilt, suchen die Putzerfische die Körperoberfläche, das Maulinnere und den inneren Kiemenraum ihres Kundenfischs penibel nach Parasiten und abgestorbenen Schuppenteilchen ab und futtern beides auf.

Wenn die Kunden irgendwann der Meinung sind, sauber genug zu sein, signalisieren sie dies ihren Reinigungskräften mit ein paar leichten Bewegungen, worauf diese sofort ihre Tätigkeit einstellen und sich diskret zurückziehen.

Das Arbeitspensum der kleinen Fische ist dabei gewaltig. Wissenschaftler haben errechnet, dass ein Putzerlippfisch pro Tag etwa hundert Kunden betreut, die er insgesamt von rund 1200 Parasiten befreit.

Das Verhältnis zwischen Raub- und Putzerfisch könnte also ein völlig ungetrübtes sein, gäbe es da nicht das unstillbare Verlangen der Putzerfische, viel lieber, als die störenden Parasiten zu verspeisen, von der sogenannten Mucusschicht zu naschen – eine Schleimschicht, die die Fischschuppen bedeckt. Sie ist nicht nur nahrhafter, sondern schmeckt auch besser als das Ungeziefer. Jedoch wissen die Putzerfische ganz genau, dass ein derartiges Verhalten kontraproduktiv ist. Bisse in den Mucus sind für den Kundenfisch nämlich so unangenehm, ja sogar schmerzhaft, dass er das Vertragsverhältnis sofort aufkündigt und in der Weite des Ozeans verschwindet. Und da der Kunde durchaus ein gutes Gedächtnis hat, kann es passieren, dass der Putzerfisch einen Stammkunden auf immer und ewig verloren hat. Allerdings sind Fische auch nur Menschen, und die Lust auf einen Leckerbissen ist manchmal einfach zu groß.

Zum Glück passen die Mitglieder innerhalb einer Putzfisch- familie wie die Schießhunde darauf auf, dass die Kundschaft nicht allzu oft vergrault wird. Ein verlorener Stammkunde be- deutet ja, dass die gesamte Putzerstation in Zukunft den Gürtel enger schnallen muss. Deshalb werden Mucusbeißer von ihren Kollegen für ihr Fehlverhalten bestraft, wobei das Strafmaß von Einschüchtern bis hin zu heftigen Bissen reicht. Und bei der Vollstreckung sind die Rollen klar verteilt: Ein Fehlverhal- ten des dominanten Männchens wird nie von einem Weibchen bestraft. Beißt jedoch ein Weibchen einmal verbotenerweise zu, kann es sicher sein, dass das Männchen versuchen wird, es zu bestrafen. In Sachen Emanzipation haben Putzerfische of- fensichtlich noch Nachholbedarf.

Der lebendige Joint (Kugelfisch)

In tropischen Meeren ist der Kugelfisch zu Hause, auch kein Tier, das mit optischen Reizen besticht. Dafür sind diese Meeresbewohner vor allem in Sachen Verteidigung bestens aufgestellt. Auch hier wurde der Name nicht zufällig gewählt. Werden die Fische von einem Gegner attackiert, schlucken sie eine große Menge Wasser und blähen sich damit zu einer Kugel auf. Ein gerade mal zwanzig Zentimeter großer Kugelfisch kann rund einen Liter Wasser aufnehmen. Dieses Aufpumpen setzt gleichzeitig einen zweiten für die Verteidigung wichtigen Vorgang in Kraft: Durch die Volumenzunahme stehen die zu Stacheln umgewandelten Schuppen der Kugelfische, die sonst eng am Körper anliegen, senkrecht vom Körper ab. Mit der Folge, dass der Kugelfisch wie ein Fußball mit Stacheln aussieht. Die Botschaft an jeden Raubfisch ist klar: »Bleib lieber weg, bevor dir so ein stacheliges Monstrum im Maul stecken bleibt!«

Einen kleinen Nachteil hat das Ganze jedoch: Ein komplett aufgeblähter Kugelfisch ist nicht mehr in der Lage, sich fortzubewegen, und muss also an Ort und Stelle ausharren, bis der Feind von dannen ist. Ist die Gefahr vorbei, pumpt der Kugelfisch das Wasser durch das Maul nach außen und schrumpft dadurch auf seine ursprüngliche Größe zurück.

Doch der Stacheln nicht genug – Kugelfische sind überdies hochgiftig. In der Haut und den inneren Organen von Kugelfischen ist ein Nervengift namens Tetrodotoxin enthalten. Es handelt sich dabei um eines der stärksten natürlichen Gifte

überhaupt. Bereits ein Milligramm reicht aus, um einen erwachsenen Menschen zu töten. Damit ist Tetrodotoxin mehr als zehntausendmal tödlicher als Zyankali. Es lähmt die Skelettmuskulatur und die Atemmuskulatur, sodass der Tod letztendlich durch Atemstillstand eintritt. Das Teuflische an der Vergiftung ist, dass man sie bei vollem Bewusstsein mitbekommt: Zuerst verschwindet das Gefühl in den Fingerspitzen, dann gibt es Lähmungserscheinungen in den Armen und Beinen, und erreicht die Giftwirkung nach ein paar Stunden endlich die Atemmuskulatur, muss man jämmerlich ersticken.

Ein echtes Gegenmittel zu Tetrodotoxin gibt es nicht. Es ist lediglich möglich, die Symptome der Vergiftung zu bekämpfen, beispielsweise durch künstliche Beatmung. Schafft man es tatsächlich, die Sauerstoffversorgung durch solche Notfallmaßnahmen in Gang zu halten, verliert die Vergiftung nach rund

24 Stunden ihre Wirkung, und die Opfer kommen ohne bleibenden Schaden davon.

Die Medizin verwendet Tetrodotoxin – natürlich in größtmöglicher Verdünnung – zur Betäubung von starken Schmerzen, etwa in der Krebstherapie.

Einen ganz anderen Nutzen ziehen Delfine aus dem Gift des Kugelfisches. Wie englische Wissenschaftler bei Filmaufnahmen in den Gewässern vor Mosambik beobachteten, schnappten sich Delfine bei passender Gelegenheit kleine Kugelfische und kauten so lange sehr vorsichtig auf ihren Gefangenen herum, bis diese kleine Mengen an Tetrodotoxin abgaben. Und zwar genau so viel, dass die tödliche Vergiftung ausblieb, jedoch genug Gift seinen Weg in die Delfine fand, dass es eine berauschende Wirkung entfachte. Ja, Sie haben richtig gelesen – die Delfine nutzten die Kugelfische für einen Trip.

Bei der enormen Giftigkeit ist für die Meeressäuger wie bei einem Heroinsüchtigen natürlich eine Menge Flossenspitzengefühl gefordert, um keine Überdosis zu riskieren. Ist es dem Delfin aber gelungen, fällt er in einen tranceähnlichen Zustand und lässt sich an die Wasseroberfläche treiben, wo er ohne jegliche Körperspannung herumhängt und offensichtlich relaxt. Eine gute Gelegenheit für den missbrauchten Kugelfisch, sich aus dem Staub zu machen.

Übrigens: Das »Ich berausche mich an einem Kugelfisch«-Phänomen wurde bisher lediglich bei jungen Delfinen beobachtet. Ältere Tiere scheinen nicht an einem Kugelfischrausch interessiert zu sein.

Als geradezu sensationell muss man eine Verhaltensweise einer Gruppe junger Delfine bezeichnen, die der britische Fernsehsender BBC sogar filmen konnte: Die Delfingruppe kreiste einen Kugelfisch zunächst ein und nahm ihn, als der kleine

Fisch keine Gelegenheit mehr zur Flucht hatte, der Reihe nach sanft in die Schnauze; sie kauten auf ihm herum und reichten den Fisch anschließend mit dem Maul an den Nächsten weiter. Will heißen: Die Delfine ließen den Kugelfisch wie einen Joint kreisen!

AUSTRALIEN

- Dornenkronenseestern
- Schnabeltier
- Bilby
- Braune Breitfuß-
  beutelmaus
- Blobfisch
- Portugiesische Galeere
- Seegurke
- Vampirkrake

Der Riffkiller (Dornenkronenseestern)

Wenn es um das unbeliebteste Tier in den Gewässern Australiens geht, dann landet der Dornenkronenseestern in Umfragen neben dem notorisch gefürchteten Weißen Hai und der hochgiftigen Seewespe stets in den Top Drei. Und das mit gutem Grund: Der rund suppentellergroße Seestern, der anders als normale Seesterne nicht nur mit lediglich fünf Armen ausgestattet ist, sondern über bis zu 32 Armen verfügt, bedroht nämlich ganz massiv ein Nationalheiligtum der Australier: das von der UNESCO zum Weltnaturerbe und einem der sieben Weltwunder der Natur erklärte Great Barrier Reef. Ein Riff, das mit einer Länge von 2300 Kilometern und einer maximalen Breite von rund 370 Kilometern das größte der Welt ist.

Dornenkronenseesterne, die ihren Namen der Tatsache verdanken, dass ihr ganzer Körper mit rund fünf Zentimeter langen Stacheln bedeckt ist und daher an die Dornenkrone erinnert, die man Jesus bei der Kreuzigung aufs Haupt setzte, fressen ausschließlich Steinkorallen – die Bausteine jeden Riffs. Und der Fressvorgang von Dornenkronenseesternen gehört nicht gerade zu den appetitlichsten Tischmanieren im Tierreich. Zunächst klettert der Dornenkronenseestern auf einen Korallenstock, stülpt seinen Magen nach außen und stößt dabei einen Schwall von Verdauungsenzymen aus, die die Korallen aufweichen. Danach nimmt der Seestern die vorverdaute Nahrung mithilfe des ausgestülpten Magens in sich auf. Auf diese Art und Weise kann ein Dornenkronenseestern pro Jahr rund acht Quadratmeter Riff vernichten. Eigentlich ein überschaubarer Schaden, wenn man bedenkt, dass das Great Barrier Reef mit einer Gesamtfläche von über 345 000 Quadratkilometern fast so groß ist wie die Bundesrepublik Deutschland. Aber eben nur eigentlich, denn Dornenkronenseesterne – oft auch als »Heuschrecken der Meere« bezeichnet – neigen in manchen Jahren zu Massenvermehrungen.

Ein einziger Dornenkronenseestern kann bis zu fünfzig Millionen (!) Nachkommen pro Jahr produzieren. Eine Zahl, die deutlich macht, dass die gefräßigen Stachelhäuter in der Lage sind, innerhalb kürzester Zeit riesige Riffflächen unwiederbringlich zu vernichten.

Erschwerend kommt hinzu, dass Dornenkronenseesterne dank ihrer sehr spitzen und scharfen Stacheln, die obendrein von einem giftigen Drüsengewebe überzogen sind, so gut wie keine natürlichen Feinde zu fürchten haben. Lediglich eine räuberische Meeresschnecke, das Tritonshorn, und einige wenige Fischarten wie etwa der Napoleonlippfisch schaffen es, einen Dornenkronenseestern zu verspeisen, ohne sich böse Verletzungen zuzuziehen.

Klar, dass die australischen Behörden, um das Great Barrier Reef vor der Zerstörung zu bewahren, den Dornenkronenseesternen den Krieg erklärt haben. Allerdings gestaltet sich die Bekämpfung der Tiere nicht nur aufgrund der gefürchteten Stacheln ziemlich schwierig. Wie alle Stachelhäuter verfügen Dornenkronenseesterne nämlich über eine ausgesprochen hohe Regenerationsfähigkeit. Schneidet man die Seesterne beispielsweise mit dem Tauchermesser in zwei Teile, so ist das ziemlich kontraproduktiv, da man auf diese Weise den Übeltäter quasi verdoppelt.

Als Mittel der Wahl bleibt momentan nur Ochsengalle, eine Substanz, die den gefräßigen Riffzerstörern von den Tauchern mithilfe großer Spritzen injiziert wird. Ochsengalle bewirkt, dass die Seesterne sich innerhalb von zwölf Stunden vollständig zersetzen. An einem guten Tag kann ein Taucherteam mit dieser Methode bis zu zehntausend Dornenkronenseesterne abtöten. Bedenkt man jedoch die hohe Nachkommenschaft, auf die es ein einzelner Dornenkronenseestern bringen kann, ist das nur ein Tropfen auf den heißen Stein.

Die neuste Errungenschaft im Seesternkampf heißt »COTSbot« (»Crown-of-thorns-Starfish-Roboter«) und ist ein Roboter, den Forscher der Universität von Queensland entwickelt haben. Es handelt sich um ein hochmodernes Unterwasserfahrzeug, das selbstständig dazulernen kann und dem Wissenschaftler mithilfe Tausender Fotos beigebracht haben, Dornenkronenseesterne im Riff zu identifizieren. Hat COTSbot ein Exemplar ausgemacht, verpasst er dem Riffschädling mithilfe eines mechanischen Greifarms eine tödliche Dosis Ochsengalle. Ein guter Taucher kann bei einem einzigen Tauchgang mit Ochsengalle-Injektionen bis zu dreihundert Seesterne beseitigen. Mehr als zwei Tauchgänge pro Tag sind jedoch wegen der Dekompressionszeiten nicht möglich. Der Tauchroboter wiederum bewältigt bei einem achtstündigen

Tauchgang etwa zweihundert Seesterne, kann jedoch bei jedem Wetter und auch nachts arbeiten. Außerdem ist der Aufwand an Manpower (wenn mehrere Roboter eingesetzt werden) deutlich geringer.

Giftiges Puzzlewesen mit eingebautem Beutedetektor (Schnabeltier)

Folgt man den Legenden der australischen Aborigines, dann handelt es sich bei Schnabeltieren um die Folgen eines Fehltrittes eines Entenweibchens mit einem Schwimmrattenmännchen. Von der Frau Mama haben die Schnabeltiere demnach den breiten Schnabel und die Schwimmhäute an den Füßen, vom Herrn Papa das dichte braune Fell geerbt.

Und tatsächlich macht ein Schnabeltier auch auf den zweiten Blick einen durchaus etwas gewöhnungsbedürftigen Eindruck. Wirken doch die rund fünfzig Zentimeter großen Tiere, die ausschließlich in Australien zu Hause sind, mit ihrem Entenschnabel, ihrem Biberschwanz und ihrem Fell, das von einem Otter stammen könnte, wie von der Natur aus verschiedenen Arten zusammengepuzzelt.

Doch nicht nur optisch handelt es sich beim Schnabeltier um eine ganz außergewöhnliche Spezies. Beginnen wir mit der Fortpflanzung. Das Schnabeltier gehört nämlich, zusammen mit dem Kurzschnabeligel und dem Ameisenigel, zu einer primitiven Gruppe der Säugetiere, den sogenannten Kloakentieren, die untypisch für Säuger nicht lebend gebärend sind, sondern Eier legen, die anschließend in einer Bruttasche am Körper des Weibchens bebrütet werden.

Auch sonst nehmen Schnabeltiere eine Sonderstellung unter den Säugetieren ein, denn sie gehören zu den sehr wenigen Säugern, die beim Kampf auf die Wirkung von Gift setzen. In Knöchelhöhe an ihren Hinterbeinen besitzen Schnabeltiere

kleine hohle Giftsporne von etwa anderthalb Zentimetern Länge. Sie sind mit einer Drüse im Oberschenkel verbunden und können ein recht wirkungsvolles Toxin ausscheiden. Für uns Menschen ist Schnabeltiergift nicht tödlich, jedoch verursacht es sehr schmerzhafte Schwellungen, die mehrere Monate lang anhalten können und deren verursachte Pein sich auch mit starken schmerzstillenden Medikamenten kaum lindern lässt.

Kleinere Opfer haben da schlechtere Karten. So gibt es glaubhafte Berichte vom Anfang des letzten Jahrhunderts, als man die heute streng geschützten Schnabeltiere noch wegen ihres Fells jagte, wonach Jagdhunde, die von den Schnabeltieren mit den Knöchelspornen verletzt wurden, jämmerlich am Gift zugrunde gingen.

Da allerdings nur die Schnabeltiermännchen diese Giftsporne besitzen und das Gift erstaunlicherweise ausschließlich zur Paarungszeit produziert wird, nehmen Wissenschaftler an, dass es in erster Linie nicht zur Verteidigung, sondern für Rivalenkämpfe eingesetzt wird.

Geradezu einmalig ist auch die Jagdtechnik der Schnabeltiere, die in Flüssen, Bächen und Seen zu Hause sind und sich dort von Schnecken, Krebstieren und Insektenlarven ernähren. Sie verfügen zwar über eine ordentliche Sehkraft, einen passablen Geruchssinn sowie ein hervorragendes Gehör. Jedoch sind Augen, Ohren und Nasenlöcher der seltsamen Tiere beim Tauchen fest geschlossen, sodass das Schnabeltier bei der Beutejagd auf diese Sinne verzichten muss. Macht nichts, denn es verfügt über einen weiteren – den sogenannten Elektrosinn, den wir sonst nur von Haien und anderen Raubfischen kennen. Der Hornschnabel des Schnabeltieres ist mit vierzigtausend hochempfindlichen Elektrorezeptoren ausgestattet, mit denen der Unterwasserjäger ganz ausgezeichnet die winzigen elektrischen Spannungsfelder registrieren kann, die durch Muskelbewegungen seiner potenziellen Beutetiere erzeugt werden. Um den Herkunftsort der elektrischen Signale möglichst exakt bestimmen zu können, bewegen Schnabeltiere ihren Schnabel während der Jagd ständig hin und her. Wissenschaftlich bezeichnet man eine derartige Jagdmethode als »passive Elektroortung«.

Geradezu perfekt ergänzt wird der Elektrosinn durch über sechzigtausend hochempfindliche Tastrezeptoren in der Nasenhaut, mit denen das Schnabeltier selbst die winzigsten Wellenbewegungen, die seine Opfer auslösen, wahrnehmen kann. Diese Kombination aus Elektro- und Tastsinn macht das Schnabeltier auch in trüben und schlammigen Gewässern zu einem extrem erfolgreichen Jäger.

Seine Beute frisst es übrigens nicht sofort, sondern deponiert sie zunächst einmal, ähnlich wie ein Hamster, in seinen Backentaschen. Erst nach dem Auftauchen zermalmt das Schnabeltier sein Opfer mit den Hornplatten, die sich an Stelle von Zähnen in seinem Schnabel befinden. Wer hätte gedacht, dass ausgerechnet das Stelldichein eines Entenweibchens mit einem Schwimmrattenmännchen zu einem Lesewesen mit einem derart raffinierten Jagd-Hightech führt …

Der Ersatz-Osterhase (Bilby)

Der Bilby oder Große Kaninchennasenbeutler, wie er wissenschaftlich korrekt heißt, ist massiv vom Aussterben bedroht. Der dramatische Rückgang des seltsamen australischen Beuteltiers, das vom Aussehen her aus einem Fuchs, einem Hasen und einer Spitzmaus zusammengepuzzelt zu sein scheint, setzte bereits Anfang des letzten Jahrhunderts ein. Verantwortlich war wie so oft der Mensch: Der Bilby wurde nämlich wegen seines seidigen Fells erbarmungslos gejagt. Auch die von den ersten europäischen Siedlern eingeschleppten Füchse und Katzen sorgten für eine weitere Dezimierung der harmlosen Beuteltiere. Und die Tatsache, dass die Aborigines, die australischen Ureinwohner, das butterzarte Fleisch der Bilbys traditionell als besonderen Leckerbissen schätzen, ist für das Überleben der Kaninchennasenbeutler genauso wenig förderlich.

Seit einigen Jahren besteht jedoch wieder Hoffnung für den Bilby. Er wurde von den Australiern nämlich zum Osterhasen befördert. Um diese etwas obskure Tatsache zu verstehen, muss man in der australischen Geschichte bis ins Jahr 1859 zurückgehen. Damals entließ der aus England nach Australien ausgewanderte Farmer Thomas Austin im australischen Bundesstaat Viktoria 24 Kaninchen in die Freiheit, um in seiner unmittelbaren Umgebung jagdbares Wild zu etablieren. Und ahnte dabei nicht, dass er mit dieser Tat eine gewaltige ökologische Katastrophe auslösen würde. Die vierbeinigen Neubürger fanden in den australischen Savannen nämlich ideale Lebensbedingungen vor und vermehrten sich im bisher kaninchenfreien Down Under wie die sprichwörtlichen Karnickel. Mit der Folge, dass die Langohren, die bald zu Hunderten von Millionen den fünften Kontinent bevölkerten, den australischen Farmern die Felder leer und den einheimischen Tieren die Nahrung wegfraßen.

Alle Bekämpfungsversuche, ob mit Schusswaffen, Fallen, Gift oder gar Viren, brachten den geplagten Australiern nur temporäre Erleichterung. So kommt es, dass ein Kaninchen in Australien heute den gleichen Stellenwert hat, den bei uns eine Ratte »genießt«. Und weil der geneigte Australier, wenn auch biologisch völlig unkorrekt, nicht zwischen Kaninchen auf der einen und Hasen auf der anderen Seite differenziert, stand eines schönen Osterfestes die Frage im Raum: »Warum sollen wir ein Tier feiern, das uns so viel Ärger macht?«

Kurzerhand enthob man den Osterhasen seines Amtes. Doch was nun? Sollten die australischen Kinder in Zukunft etwa auf ihre Schokoladeneier verzichten müssen? Das ging natürlich auch nicht, und da kam der Bilby ins Spiel, den man schnell als »Ersatz-Osterhasen« aus dem Zylinder zauberte.

Mit der Ernennung des Bilbys zum Osterbilby wollte man für das bedrohte Beuteltier bei der australischen Bevölkerung Aufmerksamkeit und Sympathien wecken. Und so hoppelt in Australien zu Ostern kein Langohr über die Wiesen, sondern der Easter-Bilby schleppt sich mit Kiepe und Eiern ab, damit auch australische Kinder pünktlich zu Ostern nach schokoladigen Überraschungen suchen können. Der Bilby ist der lebende Beweis dafür, dass ein – um es vorsichtig zu formulieren – optisch nicht unbedingt ansprechendes Tier es auch in der Welt der Menschen zu etwas bringen kann. Wer kann schon von sich behaupten, binnen kürzester Zeit zu einem der wichtigsten Symboltiere überhaupt befördert worden zu sein?

Sex, bis dass der Tod sie scheidet
(Braune Breitfußbeutelmaus)

Wenn es um Sex geht, sind die Männchen der Braunen Breitfußbeutelmaus nahezu unersättlich. Steht ihnen ein williges Weibchen zur Verfügung, sind die Mäusemänner nicht mehr zu halten. Ja, man kann mit Fug und Recht behaupten, dass sie regelrecht sexsüchtig sind. Und das, obwohl die kleinen Beutelmäuse, die im Osten und Südosten Australiens leben, sonst ein überaus beschauliches Leben führen.

Herr und Frau Breitfußbeutelmaus, die ihren Namen ihren auffälligen Füßen verdanken, sind Einzelgänger, die fast das ganze Jahr über ihre eigenen Wege gehen. Lediglich zur Paarungszeit im August ist es mit dem unaufgeregten Leben der kleinen Beuteltiere vorbei. Doch dann richtig: In ganzen Rudeln treffen sich männliche und weibliche Beutelmäuse zur Paarung. Wobei die Männchen großen Wert darauf legen, sich mit so vielen Weibchen wie irgend möglich zu paaren. Zehn Stunden Dauersex oder mehr sind dann eher die Regel als die Ausnahme.

Allerdings zahlen die Beutelmausherren für ihr zügelloses Verhalten einen hohen Preis: das eigene Leben. Zu der gewaltigen körperlichen Anstrengung, der die Nagermännchen durch ihren Sexmarathon ausgesetzt sind, kommt ein gewaltiger Konkurrenzdruck zwischen den Mäusecasanovas, da die Weibchen nur wenige Tage empfängnisbereit sind. Nicht selten entbrennen heftige Rivalenkämpfe. Mit anderen Worten: Die

Mäusemänner stehen in der Paarungszeit unter einer ungeheuren Stressbelastung. Und die endet für die Männchen stets tödlich. Je länger der Sexmarathon andauert, desto mehr wird ihr Körper von Stresshormonen überflutet, bis das Immunsystem völlig zusammenbricht und Krankheitserreger jeglicher Art ungehinderten Zugang haben. Innerhalb weniger Tage segnen so sämtliche Breitfußbeutelmäuseriche das Zeitliche.

Eigentlich ein schöner Tod, der, folgt man einer repräsentativen Umfrage, den meisten Menschenmännern erstrebenswert erscheint: zuerst Sex, bis der Arzt kommt, und anschließend das Leben in den Armen der Geliebten aushauchen.

Logischerweise hat das synchrone Männersterben der Breitfußbeutelmäuse zur Folge, dass man nach der Paarungszeit der kleinen Beutelmäuse nur noch auf Weibchen trifft. Mit drei bis fünf Jahren haben die eine deutlich höhere Lebenserwartung als ihre männlichen Verehrer.

Übrigens: Dass der frühe Tod der Männchen mit ihrem ausschweifenden Sexualleben zusammenhängt, konnte man mit einer einfachen, wenn auch ziemlich brutalen Maßnahme nachweisen: Kastriert man ein Männchen, hat es eine genauso hohe Lebenserwartung wie ein Weibchen.

Was jedoch hat sich die Natur bzw. die Evolution bei dieser doch ziemlich gewöhnungsbedürftigen Fortpflanzungsstrategie gedacht? Nach Ansicht der Wissenschaft dient das synchrone Sterben der Beutelmausherren der Erhaltung der Art. Schließlich wird ja die Breitfußbeutelmauspopulation durch den alljährlichen simultanen Männertod um die Hälfte reduziert. Was wiederum zur Folge hat, dass für die schwangeren Mäusemütter im oft kargen Lebensraum der Tiere auf einmal das Doppelte an Nahrung zur Verfügung steht. Der Herr Papa lernt also nicht nur seine Kinder niemals kennen, sondern opfert sogar sein Leben für die Zukunft seiner Sprösslinge. Offensichtlich sind Breitfußbeutelmausherren nicht nur Sexmonster, sondern auch vorbildliche Väter.

Das hässlichste Tier der Welt (Blobfisch)

Das Ergebnis der Umfrage war eindeutig: Der Blobfisch hatte das Rennen gemacht und war zum »hässlichsten Tier der Welt« gewählt worden – mit großem Vorsprung vor dem Eulenpapagei und dem Axolotl, die bei dieser Wahl lediglich auf den Plätzen zwei und drei landeten. Das British Science Festival in Newcastle hatte 2013 zur Online-Abstimmung aufgerufen, an der sich immerhin dreitausend User beteiligten.

Aber was macht den Blobfisch, einen rund dreißig Zentimeter großen Meeresbewohner, der in rund neunhundert Metern Tiefe auf dem Grund vor der australischen und tasmanischen Küste lebt, zum hässlichsten Tier der Welt? Wahrscheinlich ist es das Gesicht des Tiefseefisches, das den geneigten Betrachter an einen kahlköpfigen, knollennasigen, ständig übel gelaunten älteren Herrn erinnert. Ziemlich gewöhnungsbedürftig ist auch der Körper der Fische, der zum größten Teil aus einer gallertartigen Masse besteht und wie ein überdimensionaler Wackelpudding daherkommt.

Die Gallertmasse hat aber offensichtlich eine wichtige Funktion: Da sie nur eine geringfügig geringere Dichte als Wasser besitzt, ermöglicht sie es dem Blobfisch, mühelos im Wasser zu schweben, und ist damit ein Ersatz für eine gasgefüllte Schwimmblase, die dem gewaltigen Druck der Tiefsee nicht standhalten könnte.

Über die Lebensweise des Blobfisches ist nur wenig bekannt, und möglicherweise ist sie auch nur wenig spektakulär: Augenscheinlich warten Blobfische den größten Teil ihres Lebens im Sand des Meeresbodens eingegraben darauf, dass Beutetiere wie etwa Krebse oder Weichtiere vorbeikommen. Diese Art der energiesparenden »Jagd« ist notwendig, weil der Sauerstoffgehalt in der Tiefsee zu gering ist, um verschwenderisch mit seinen Ressourcen umgehen zu können.

Leider ist das hässlichste Tier der Welt trotz der Tatsache, dass es in der Tiefsee so gut wie keine natürlichen Feinde zu fürchten hat, nach Ansicht der Wissenschaft massiv vom Aussterben bedroht. Verantwortlich für die Gefährdung sind die äußerst aktiven australischen Tiefseefischer, in deren Netze die sehr seltene Art immer wieder als sogenannter »Beifang« gerät. Um zu verhindern, dass der Blobfisch unwiederbringlich von unserem Planeten verschwindet, bedarf er des besonderen Schutzes. Oder um es mit der »Gesellschaft zur Bewahrung hässlicher Tiere« zu sagen: »Pandas bekommen schon genug Aufmerksamkeit.«

Segelschiff mit tödlichen Harpunen (Portugiesische Galeere)

Bereits ihr Name weist darauf hin, dass es sich bei der Portugiesischen Galeere trotz ihres Aussehens nicht um eine Qualle wie jede andere handelt. Die Hochseebewohnerin gehört nämlich zur Gruppe der sogenannten Staatsquallen; Tieren, bei denen sich im Laufe der Evolution unzählige kleine Einzellebewesen, sogenannte Polypen, zu einer Art Superorganismus zusammengetan haben und straff organisiert wie die Mannschaft einer antiken Galeere buchstäblich durch die Weltmeere segeln. Die Einzeltiere bleiben Zeit ihres Lebens miteinander verbunden und wären allein gar nicht lebensfähig.

»An Bord« erfüllen verschiedene Polypentypen die unterschiedlichsten Aufgaben. In einer Staatsqualle gibt es gleich vier Typen von Polypen, die sich in Aussehen und Tätigkeit stark unterscheiden. Zunächst einmal findet man die Nahrungspolypen, die sich darauf spezialisiert haben, Fressbares aufzuspüren und zu erbeuten. Diese Polypen bilden bis zu fünfzig Meter lange Fangfäden, mit denen die Staatsqualle das Meer wie mit einem großen Fangnetz nach Beute durchkämmt. Und diese Fangfäden sind überaus gut bewaffnet. Jeder der Tentakel ist nämlich mit bis zu tausend Nesselzellen pro Quadratzentimeter gespickt, mit denen die bevorzugten Beutetiere – kleine Fische und Krebse – zur Strecke gebracht werden. An ihrer Oberfläche besitzen diese höchst spezialisierten Zellbestandteile ein feines Härchen, das ähnlich wie ein Sensor jede noch so zarte Berührung durch ein Beutetier registriert und bei »Alarm« innerhalb von Sekundenbruchteilen eine kaskadenartige Reaktion in Gang setzt: Der Deckel der Kapsel öffnet sich und schleudert einen harpunenartigen Nesselfaden hervor, der mit seiner stilettartigen Spitze die Körperwand des Beutetieres durchschlägt und dem Ofer ein hochpotentes Nervengift injiziert.

Doch trotz ihrer giftigen Wehrhaftigkeit ist die Portugiesische Galeere nicht ohne Fressfeinde. Vor allem Karettschildkröten wurden dabei beobachtet, wie sie die gallertartigen Tiere ohne größere Probleme verspeisten. Offenbar ist die Haut der riesigen Meeresschildkröten so dick, dass die Staatsqualle sie mit ihren Nesselzellen nicht durchdringen kann. Und die Magenwände der marinen Reptilien sind mit einer starken Schleimschutzschicht versehen.

Kommen Menschen mit den langen Fangtentakeln der Portugiesischen Galeere in Berührung, ist dies für den Betroffenen nicht nur äußerst schmerzhaft, sondern in Einzelfällen sogar lebensgefährlich. Die Harpunen der Nesselkapseln können nämlich auch die Haut eines Menschen mühelos durchbohren und dann ihr Gift in das menschliche Gewebe injizieren. Bei großflächigen Vernesselungen kommt es zu Muskelkrämpfen, die in Extremfällen sogar zu einem Herzversagen führen können. Besonders gefährdet sind Kinder, Asthmatiker und Allergiker.

Nach dem Fang werden die getöteten Beutetiere dem Polypentyp Nr. zwei, den sogenannten Verdauungspolypen, übergeben, die mithilfe von Enzymen die Nahrungsbrocken in von den Körperzellen aufnehmbare Bestandteile zerlegten.

Der dritte Polypentyp hat sich auf die Fortpflanzung spezialisiert, über die nicht allzu viel bekannt ist.

Und last but not least gibt es noch einen vierten Polypentypen, der für die Fortbewegung verantwortlich ist. Portugiesische Galeeren werden nämlich nicht wie ihre antiken Namensgeber von Sklaven mit Ruderkraft angetrieben, sondern setzen wie ein Segelschiff auf die Kraft des Windes. Dazu bildet Polypentyp Nr. vier eine bläuliche, bis zu dreißig Zentimeter lange, mit Kohlendioxid und Stickstoff gefüllte Luftblase aus,

die der Staatsqualle nicht nur den nötigen Auftrieb verschafft, sondern auch als eine Art Segel dient. Nach Ansicht der Wissenschaft kann die Portugiesische Galeere sogar navigieren. Für die Steuerung sorgt ganz offensichtlich ein auf der Luftblase sitzender Kamm, der sich mithilfe von Muskelzellen bewegen lässt und dadurch die aerodynamischen Eigenschaften des Meerestieres verändert.

Portugiesische Galeeren sind in nahezu allen Ozeanen anzutreffen, vorwiegend jedoch im Pazifik und im Tropischen Atlantik. Besonders in den Wintermonaten kommt es an den Küsten Australiens oft zu einem massenhaften Auftreten der Staatsquallen. Das geht so weit, dass dort immer wieder ganze Strandabschnitte gesperrt werden müssen, um die Badenden vor den gefährlichen Nesseltieren zu schützen. Nichtsdestotrotz werden in Down Under alljährlich mehrere Tausend Menschen vernesselt.

An den europäischen oder gar deutschen Küsten ist das Risiko, nähere Bekanntschaft mit einer Portugiesischen Galeere zu machen, dagegen vergleichsweise gering – sieht man einmal von gelegentlichen Funden vor der Deutschen liebster Insel Mallorca sowie der portugiesischen Atlantikküste ab.

1975 kam es allerdings auch in der Nordsee zu einer Masseninvasion von Portugiesischen Galeeren, als die Staatsquallen von starken Winden aus dem Atlantik bis vor die niederländische Küste getrieben wurden.

Arsch mit Zähnen (Seegurke)

Sonderlich attraktiv sind sie nicht, die Seegurken. Auf den ersten Blick wirken sie wie träge, stachelige Würste, die scheinbar bewegungslos auf dem Meeresgrund vor sich hin vegetieren. Aber Seegurken, die übrigens in Asien als ausgesprochene Delikatesse gehandelt werden, haben trotz langweiligen Aussehens einiges zu bieten. So scheiden die in allen möglichen Größen und Farben vorkommenden Meerestiere bei einer Bedrohung sogenannte Cuviersche Schläuche – lange, dünne, klebrige Fäden – durch ihren After aus, die sich an jeden Fressfeind heften, der sich der Seegurke ungebührlich nähert. Und je hartnäckiger ein Fressfeind, beispielsweise ein Riffbarsch oder ein Tintenfisch, versucht, sich von den klebrigen Fäden zu befreien, desto stärker verstrickt er sich im Fadengewirr. Obendrein enthalten die Klebstoffe auch noch sogenannte Holothurine, Giftstoffe, die bei Kontakt heftige Schmerzen auslösen oder bei hoher Anzahl der Fäden sogar tödlich wirken. Größere Angreifer haben in dem Fall die besten Chancen, sich aus den Fängen der Seegurke zu befreien.

Fruchtet diese Verteidigungsstrategie nicht, haben Seegurken einen zweiten Pfeil im Köcher. Zur Abwehr können sie zusätzlich – sozusagen als »Ablenkungsfutter« – Teile ihrer Eingeweide, manchmal auch das gesamte Darmsystem, ausstoßen. Organe, die die Tiere innerhalb weniger Tage bis Wochen problemlos regenerieren können. Für einen neuen Magen muss eine Seegurke lediglich eine Zeit lang hungern!

Und damit nicht genug: Seegurken, die zusammen mit den Seesternen und den Seeigeln zu den sogenannten Stachelhäutern gehören, sind in der Lage, bei Gefahr innerhalb kürzester Zeit ihre eigentlich weiche und elastische Haut in eine steife und brettharte Oberfläche zu verwandeln. Für die Wandlungsfähigkeit dieser Superhaut ist ein sogenanntes »mutabiles« Gewebe verantwortlich, wie US-Forscher erst vor Kurzem herausgefunden haben. Im Augenblick der Gefahr stößt die Seegurke einen selbst produzierten Stoff in den Körper aus, der lose in ihrer Haut liegende Kollagenfasern blitzartig zu einem festen Netz verbindet. In diesem Zustand entspricht die Seegurkenhaut den Kollagenstrukturen in menschlichen Knochen oder Knorpeln.

Genau diese Fähigkeit der Verhärtung macht Seegurken natürlich für viele Industriezweige hochinteressant. So würden zum Beispiel die NASA bzw. die US-Army in Zukunft gern Flugzeuge mit elastischer Seegurkenhaut produzieren. Erste Schritte dieses bionischen Ansatzes gibt es schon: Forscher der Ohio-Universität haben das Patent für einen Kunststoff angemeldet, der das Hautgewebe der Seegurke nachahmt.

Doch auch damit sind die Verteidigungsmöglichkeiten bei Seegurken noch nicht erschöpft. Zumindest Seegurken der Gattung Actinopygia besitzen nämlich noch eine weitere Defensivwaffe, die im Tierreich mit großer Sicherheit einmalig ist: Zähne im Arsch, pardon, Gesäß. Die Stachelhäuter sind auf diese Analzähne, wie die scharfen Kalkblättchen in der Wissenschaft korrekt heißen, dringend angewiesen. Denn Seegurken der Gattung Actinopygia tragen in ihren Gedärmen manchmal einen überaus unerwünschten Teilzeitmitbewohner, den sogenannten Eingeweidefisch, mit sich herum. Dieser lang gestreckte, bleistiftförmige Wasserbewohner dringt regelmäßig durch den After in die Leibeshöhle der Seegurken ein, um sich dort mit den Eingeweiden der wurstförmigen Stachelhäuter den Bauch vollzuschlagen. Die Gastgeberin kann ihre Eingeweide zwar regenerieren, hat sich jedoch im Laufe der Evolution zur Abwehr fünf kleine scharfe Kalkzähnchen an der Öffnung ihres Anus zugelegt, mit denen sie bestenfalls bereits im Vorfeld verhindert, dass der unerwünschte Besucher in sie eindringt. Ein bezahnter Hintern eben.

Ein Vampir als Unterwasserfeuerwerker (Vampirkrake)

Wo würden Sie am ehesten Vampire vermuten? In Transsilvanien? In Höhlen oder alten Gemäuern? Jedenfalls ganz sicher nicht in der Tiefsee. Doch auch dort gibt es welche – und was für welche! Zumindest wenn es nach dem Namen geht. Vampyrotheuthis infernalis = »Vampirtintenfisch aus der Hölle« lautet die wissenschaftliche Bezeichnung eines gerade mal zwölf Zentimeter großen Kraken, der in der Tiefsee sein Unwesen treibt.

Betrachtet man den kleinen Tintenfisch, der erst 1901 im Rahmen der ersten deutschen Tiefsee-Expedition in rund achthundert Metern Tiefe entdeckt wurde, etwas genauer, sieht man, dass der für einen Meeresbewohner ziemlich unübliche Name durchaus seine Berechtigung hat. Spannt der Tintenfisch nämlich die Häute zwischen seinen acht Armen auf, erinnert der Kopffüßer in der Tat an eine Art marinen Graf Dracula.

Allerdings ist der Vampirtintenfisch trotz seiner bedrohlichen Bezeichnung und seines Aussehens nicht etwa wie sein transsilvanischer Vetter ein übler Blutsauger, sondern ein eher harmloser tierischer »Müllschlucker«, der sich vom sogenannten »Meeresschnee« ernährt, kleinen organischen Partikeln, die von der Wasseroberfläche hinab in die Tiefsee sinken. Diesen Partikelmix, der aus Fischschuppen, Kieselalgen, Teilen von Ruderfußkrebsen und Kotpellets besteht, fischen die kleinen Kraken mit zwei langen beborsteten Spezialarmen aus dem Wasser und streifen ihn dann in der Nähe des Mundes ab. Dort wird der »Meeresschnee« mit Schleim umhüllt und mit Hilfe der übrigen Arme in den Schlund befördert.

Im wahrsten Sinne des Wortes strahlend ist dagegen die Defensivstrategie eines Vampirtintenfisches. Sein Körper verfügt über zahlreiche Leuchtorgane, mit denen das Weichtier ähnlich wie Glühwürmchen mittels eines chemischen Prozesses ein kaltes Licht im Dunkel der Tiefsee erzeugen kann. Nähert sich ein Fressfeind, stößt der Vampirtintenfisch aus einem speziellen Paar dieser Leuchtorgane eine ganze Wolke blauer Partikel aus, um den Angreifer zu verwirren. Da die blau schimmernde Leuchtwolke bis zu zehn Minuten bestehen bleibt, hat der ansonsten ziemlich wehrlose kleine Krake genügend Zeit, sich in aller Ruhe in Sicherheit zu bringen.

AMERIKA

- Stinktier
- Rotrücken-Wald-salamander
- Texaskrötenechse
- Axolotl
- RoboRoach
- Alligatorschnapp-schildkröte
- Faultier
- Vieraugenfisch
- Kugelgürteltier
- Kahlkopf-Uakari
- Cymothoa exigua

Superstinker (Stinktier)

Eine landesweite Umfrage in den USA hat es an den Tag gebracht: Sechzig Prozent aller Amerikaner sind der festen Überzeugung, dass das Stinktier den schlimmsten Geruch der Welt verbreitet.

Und die Amerikaner müssen es ja wissen, denn im Land der unbegrenzten Möglichkeiten trifft man in einigen Gegenden relativ häufig auf eines der kleinen Raubtiere mit dem charakteristisch schwarz-weiß gemusterten Fell.

Allerdings muss man zur Ehrenrettung der Stinktiere klar betonen, dass sie ausschließlich im Verteidigungsfall stinken. Da sie nicht besonders schnell rennen können, hätten Fressfeinde ein leichtes Spiel. So bleibt den Stinktieren nichts anderes übrig, als zur Geheimwaffe zu greifen: Aus zwei gut versteckten Drüsen am Hinterteil spritzen sie blitzschnell ein bestialisch riechendes Sekret auf ihren Gegner. Die meisten Angreifer lernen ziemlich rasch aus solch einer geruchsintensiven Begegnung mit einem Stinktier und lassen künftig lieber die Pfoten weg.

Nach Aussagen von Betroffenen riecht das Stinktiersekret wie eine Mischung aus Schwefelsäure, Knoblauch, angebranntem Gummi und Erbrochenem – eine Komposition, die sofort Übelkeit und Brechreiz verursacht.

Chemiker haben das Stinktiersekret genauer untersucht und dabei festgestellt, dass die übelriechende Substanz aus über 150 verschiedenen Komponenten zusammengesetzt ist.

Neben Ekel kann eine volle Ladung Stinktierspray bei getroffenen Menschen übrigens auch zu zumindest vorübergehenden gesundheitlichen Schäden führen: Kriegt man nämlich eine Ladung ins Gesicht, kann dies eine kurzfristige Blindheit auslösen. Und wer gar eine volle Dröhnung Stinktierspray in den Mund bekommt und in Panik verschluckt, kann sogar das Bewusstsein verlieren.

Ebenfalls unangenehm: Stinktierduft bleibt – sofern man das Kleidungsstück nicht einer Spezialreinigung unterzieht – bis zu fünf Jahre am Gewebe haften. Auch auf der Haut hält sich der Geruch wochenlang, ohne schwächer zu werden.

Es gibt jedoch diverse Möglichkeiten, den Gestank wieder zu entfernen. Eine der goldenen Regeln für die korrekte Stinktiergeruch-Entfernung lautet, dass man schnell handeln und zum richtigen Reinigungsmittel greifen muss. Seit einigen Jahren sind in den USA einige kommerzielle Skunk-Geruch-Entfernungs-Produkte erhältlich, die gut funktionieren. Hausmittelchen, wie sie immer wieder im Internet herumgeistern, etwa Tomaten- oder Orangensaft mit Soda, sind hingegen nur wenig hilfreich. Trotzdem gibt es auch ein bewährtes Mittel »Marke Eigenbau«, mit dem man getroffene Kleidung in einen einigermaßen geruchsneutralen Zustand zurückversetzen kann: Man mischt einen Liter dreiprozentiges Wasserstoffperoxid mit einer Tasse Backpulver und einem Teelöffel flüssiger Seife und säubert die Wäsche darin.

Läuft man einem Stinktier über den Weg, muss man allerdings nicht gleich befürchten, von oben bis unten mit seinem übel riechenden Sekret eingesprüht zu werden. Der Duft-Colt des Stinktiers sitzt nämlich nicht gerade locker. Im Gegenteil, der Skunk setzt sein Spray üblicherweise nur im äußersten Notfall ein, was nicht unbedingt seiner Freundlichkeit entspringt, sondern vielmehr eine wirtschaftliche Rechnung ist. Immerhin benötigt ein Stinktier mehrere Tage, bis sich die Stinkflüssigkeit in den Analdrüsen wieder regeneriert hat. Deshalb setzen Stinktiere ihr übel riechendes Spray so gut wie nie gegeneinander ein. Aber keine Ausnahme ohne Regel! Stinktierexperten sind sich nämlich ziemlich sicher, dass männliche Stinktiere bei ihren Kämpfen untereinander – zum Beispiel, wenn sie um die Gunst einer netten Stinktierdame kämpfen – als letztes Mittel auch ihre Stinkdrüsen einsetzen. Beobachtet wurde dieses Verhalten allerdings noch nie.

Um sich die aufwendige Neuproduktion des Stinksekrets zu sparen, versucht ein bedrohtes Stinktier, einen möglichen Gegner zunächst mal mit diversen Drohgebärden einzuschüchtern, stampft mit den Füßen oder fletscht die Zähne. Wenn alles nichts nützt, wird dem Gegner – sozusagen als letzte Warnung – bei erhobenem Schwanz der Hintern präsentiert. Einige Stinktierarten begeben sich für diese Drohgebärde sogar in den Handstand. Erst wenn keine dieser Einschüchterungsversuche fruchtet, drücken die Tiere ab, wobei sie meist auf das Gesicht des Angreifers zielen. Aber Achtung, glauben Sie nicht, dass es reicht, auf die andere Straßenseite zu wechseln – Streifenskunks (das sind die übelsten Stinker unter den Stinktieren) können Feinde sogar noch in sechs Metern Entfernung treffen!

Inzwischen hat auch der Mensch den Stinktierduft als Waffe entdeckt. Nach ersten erfolgreichen Tests setzten israelische Polizisten künstlich erzeugtes Stinktiersekret, genannt »Boash« (Stinktier), 2008 erstmals gegen palästinensische Demonstranten im Westjordanland ein, mit dem Ziel – so zumindest die Angabe von offiziellen israelischen Stellen –, eine nicht genehmigte Demonstration aufzulösen, ohne dabei auf die ge-

fürchteten Gummigeschosse zurückgreifen zu müssen. Damals versprühte die Polizei das artifizielle Stinktierspray noch aus einfachen Rückenspritzen. Heute wird das Gemisch mithilfe der Wasserkanonen von Wasserwerfern aus einer Entfernung von bis zu fünfzig Metern eingesetzt. Das Resultat der Sprühaktionen ist nach Augenzeugenberichten äußerst beeindruckend und durchaus geeignet, eine Demonstration im Handumdrehen aufzulösen.

Die Polizei von Los Angeles unterhält sogar ein eigenes »Skunk Squad« – frei übersetzt »Stinktier-Einsatzkommando« –, das mit großem Erfolg in leer stehenden Gebäuden ein Gel mit dem künstlich hergestellten Duft eines Stinktieres einsetzt, um illegalen Geschäften vorzubeugen. Durch den bestialischen Gestank sollen Prostituierte, Drogenabhängige und Kleinkriminelle vertrieben werden, die in diesen Häusern ihren Geschäften nachgehen. Nach Aussage der zuständigen Behörden vertreibt der bestialische Gestank unerwünschte Eindringlinge sofort und hält die Gebäude tagelang »sauber«.

Kothäufchen und Wellhölzer
(Rotrücken-Waldsalamander)

Optisch hat der amerikanische Rotrücken-Waldsalamander nur wenig Besonderes zu bieten. Sieht man einmal von dem namensgebenden leuchtend roten Rallyestreifen ab, der sich längs über Rücken und Schwanz des gerade mal zehn Zentimeter langen Lurchs zieht. Interessant wird es jedoch in Sachen Flirt und anschließendes Eheleben. Kein anderes Tier legt ein ähnlich unappetitliches Anbaggerverhalten an den Tag, und kein anderes Tier reagiert auf einen Seitensprung des Herrn Gemahl so unwirsch wie das Weibchen der Salamanderart, die in den feuchten Laubwäldern und Sumpfgebieten der USA und Kanadas weit verbreitet ist.

In Sachen Brautwerbung setzt der männliche Rotrücken-Waldsalamander ganz gezielt auf die Qualität seiner Stoffwechselendprodukte. Um bei der geneigten Damenwelt zu punkten, hinterlässt der kleine Lurch in der Phase der Partnerfindung immer wieder kleine Kothäufchen im Eingangsbereich seiner unterirdischen Wohnhöhle. Das tut er nicht, weil der Rotrücken-Waldsalamander ein Hygienefanatiker wäre, der einfach nur seinen Wohnbereich sauber halten will. Nein, bei den unappetitlichen Hinterlassenschaften des Amphibienmannes handelt es sich um Visitenkarten. Zugegebenermaßen für uns Menschen gewöhnungsbedürftige Visitenkarten, aber dafür ziemlich erfolgreiche. Kommt nämlich eine Salamanderdame auf der Suche nach einem Liebhaber an der Erdhöhle des Männchens vorbei, kann sie an der Zusammensetzung des

Häufchens relativ schnell erkennen, welche Art von Nahrung der Wohnungsbesitzer in den letzten Tagen zu sich genommen hat: Termiten oder vielleicht doch nur Ameisen?

Bei Termiten handelt es sich um die absolute Lieblingsnahrung des Rotrücken-Waldsalamanders, da sie nur einen dünnen Chitinpanzer besitzen und daher gut verdaulich sind. Obendrein enthalten sie eine Menge Nährstoffe. Ameisen sind dagegen lediglich Beute zweiter Wahl, und Rotrücken-Waldsalamander begnügen sich nur dann mit ihnen, wenn die Jagd auf Termiten nicht erfolgreich war. Ameisenpanzer sind mit einem deutlich kompakteren und dickeren Panzer ausgestattet als Termiten und dadurch eine schwer verdauliche und kalorienarme Kost.

Entdeckt ein paarungswilliges Rotrücken-Waldsalamanderweibchen also dicke Chitinpanzerstücke im Kot eines Männchens, weiß es sofort, dass der Bewerber zumindest in letzter Zeit nur Ameisen erbeuten konnte. Und wer lediglich Ameisen und keine Termiten fangen kann, ist mit hoher Wahrscheinlichkeit ein schlechter Jäger. Und wer ein schlechter Jäger ist, ist sehr wahrscheinlich nicht gerade mit den besten Genen ausgestattet. Aber gerade die soll der Kothäufchenproduzent ja mal an den gemeinsamen Nachwuchs weitergeben. Klar also, dass so ein Bewerber weder als Liebhaber noch als zukünftiger Vater infrage kommt.

Kurz gesagt: Bei Rotrücken-Waldsalamandern entscheidet die Zusammensetzung des Kothäufchens darüber, wer mit wem ins Bett geht. Oder um auf einen legendären Satz von Altkanzler Helmut Kohl zurückzugreifen: Entscheidend ist, was hinten rauskommt.

Haben sich Herr und Frau Rotrücken-Waldsalamander erst einmal gefunden, steht einem harmonischen Eheleben nichts mehr im Wege, immerhin gehören die kleinen Lurche zu den wenigen Amphibien, die monogam leben. Zumindest eigentlich, denn diese eheliche Treue schließt durchaus auch den einen oder anderen Seitensprung des Männchens mit ein. Allerdings bleibt das Fremdgehen der Herren in der Regel nicht unbemerkt, da sie nach einer Affäre inklusive Akt noch einige Zeit lang die Duftstoffe der Geliebten auf der eigenen Haut mit sich herumtragen. So ist die wachsame Ehefrau dank eines ausgezeichneten Geruchssinns leicht in der Lage, den treulosen Gatten zu überführen.

Ist der Fremdgänger ertappt, hat er nichts zu lachen: Das betrogene Weibchen beißt den Sünder kräftig ins Bein. Ob der derart Bestrafte sein Verhalten dadurch künftig ändert, ist jedoch noch nicht erforscht.

Blutspritzer (Texaskrötenechse)

Wenn eine Texaskrötenechse etwas im Überfluss hat, dann sind es Stacheln. Nicht nur am Hinterkopf wachsen den rund zwölf Zentimeter großen Echsen zwei gewaltige Stachel, nein, auch der übrige Kopf, Kehle, Oberkörper, Schwanz und Beine sind mit einem dichten Netz unterschiedlich großer Stacheln bedeckt.

Natürlich bietet dieser so pieksig bewehrte Körper einen ausgezeichneten Schutz gegen Fressfeinde aller Art. Die Echsen, die, wie ihr Name verrät, im Süden der USA zu Hause sind, haben zu ihrer Verteidigung allerdings eine ziemlich raffinierte Doppelstrategie entwickelt: Fühlen sich die kleinen Echsen durch ein Raubtier, zum Beispiel einen Kojoten, bedroht, blasen sie sich zunächst einmal so gewaltig auf, dass sich ihre Hautstacheln, die vorher eher schlaff herunterhingen, steil aufstellen. Jedem Fressfeind, der jetzt noch so dumm ist zuzubeißen, würden die sehr spitzen und teilweise scharfkantigen Stacheln Mund und Kehle aufreißen. Die meisten Raubtiere probieren es erst gar nicht aus.

Lässt sich ein Fressfeind nicht abschrecken, greifen die Echsen zu einer neuen Defensivstrategie: Sie spritzen zielgerichtet Blut aus ihren Augen. Und das immerhin bis zu anderthalb Meter weit. Dazu erhöhen die stacheligen Reptilien zunächst den Blutdruck im Kopf, wodurch kleine Blutgefäße in den Augen platzen und das Blut aus den Tränenkanälen schießt. Dank spezieller chemischer Zusätze verströmt das verspritzte Blut

einen penetranten Verwesungsgeruch, der selbst den hungrigsten Feind in die Flucht schlägt. Allerdings setzen die kleinen Kröten diese »letzte« Verteidigungswaffe nur im äußersten Notfall ein, denn bei der Blutspritzerei verlieren sie rund ein Viertel ihrer gesamten Blutmenge.

Nebenbei: Die Texaskrötenechse ist das offizielle Wappentier von Texas und ziert dort die Nummernschilder vieler Fahrzeuge. Viel schöner und auch viel passender als der Name Texaskrötenechse ist die mexikanische Bezeichnung der kleinen Echsen: »Torito de la Virgen« = »kleiner Stier der Jungfrau«, die auf die hornartigen Fortsätze am Kopf, aber auch auf die Verteidigungsblutspritzer der stacheligen Reptilien anspielt. Letztere haben den Namensgeber offensichtlich an die »blutigen Tränen« der Jungfrau Maria erinnert.

Leider droht die sensationelle Fähigkeit, Blut aus den Augen spritzen zu können, der Texaskrötenechse zum Verhängnis zu werden, da viele Terrarienbesitzer ein derart bizarres Reptil nur allzu gern als Haustier halten wollen. Mit der Folge, dass Hunderttausende Texaskrötenechsen der Natur entnommen und in alle Welt verkauft wurden. Und bedauerlicherweise sind die kleinen Echsen immer noch nicht in allen ihrer Heimatstaaten unter Schutz gestellt worden.

Neues Bein? – Kein Problem! (Axolotl)

»In der Nähe der Stadt Mexiko gibt es eine Art Seefisch mit weicher Haut und vier Füßen, wie sie Eidechsen haben, eine Spanne lang und einen Zoll dick, Axolotl oder Wasserspiel genannt. Der Kopf ist niedergedrückt und groß; die Zehen wie bei den Fröschen. Sein Fleisch gleicht dem der Aale, ist gesund und schmackhaft und wird gebraten, geschmort und gesotten gegessen.« So beschreibt noch 1893 *Brehms Tierleben* ein seltsames Wesen, von dem die alten Azteken glaubten, dass es sich um einen Abkömmling ihres Todesgottes Xolotl handele, worauf sie ihm den Namen Axolotl = Wassermonster verpassten.

Beides durchaus verständliche Irrtümer: Wer zum ersten Mal einen Axolotl zu Gesicht bekommt, weiß wirklich nicht so recht, wo er dieses seltsame Wesen einordnen soll. Das bis zu dreißig Zentimeter große Tier wirkt, als hätte man einen grinsenden Molch mit einer überdimensionalen Kaulquappe und dem Fabelwesen Gollum aus dem Film *Herr der Ringe* gekreuzt. Auffällig sind die großen, an ein stark verzweigtes Bäumchen erinnernden Kiemenanhänge, die links und rechts aus dem Hals herausragen.

Dabei handelt es sich beim Axolotl weder um einen Fisch noch um den Sprössling eines Todesgottes, sondern um einen Lurch, der zur Familie der sogenannten Querzahnmolche gehört. Und für das seltsame Erscheinungsbild des Axolotls gibt es einen triftigen Grund. Die Lurche, die sich als sogenannte Lauerjäger vor allem von kleinen Krebstieren ernähren, haben nämlich das Geheimnis der ewigen Jugend entdeckt. Axolotl werden niemals richtig erwachsen, sondern verbringen ihr ganzes Leben als kiemenatmende, im Wasser lebende Larve. Sprich sie bleiben auf dem Entwicklungstand einer Kaulquappe stehen.

Verantwortlich für dieses Phänomen, das in der Wissenschaft als Neotenie bezeichnet wird, ist ein genetisch bedingter Schilddrüsendefekt, durch den die Schilddrüse nicht in der Lage ist, die für die Metamorphose zum erwachsenen Tier nötigen Hormone auszuschütten. Macht nichts, denn der Axolotl kann sich auch im Jugendstadium fortpflanzen. Wozu also erwachsen werden?

Übrigens haben Wissenschaftler schon vor einigen Jahren herausgefunden, dass man die Larven durch Verabreichung des Schilddrüsenhormons Tyroxin dazu bringen kann, sich zu erwachsenen Axolotln zu entwickeln. Die so erschaffenen adulten Tiere verlieren ihre Kiemen und verbringen ihr restliches Leben an Land.

Ein weiteres charakteristisches Merkmal ist die überaus verblüffende Regenerationsfähigkeit des Axolotls. Verlieren die kleinen Amphibien bei einem Unfall oder durch einen Fressfeind ein Bein oder den Schwanz, wächst das fehlende Körperteil innerhalb kürzester Zeit wieder nach, ohne dass auch nur die winzigste Narbe zurückbleibt. Diese Fähigkeit zur Selbstheilung gilt nicht nur für äußere Körperteile, sondern auch für innere. So heilen selbst Verletzungen an lebenswichtigen Organen wie dem Herz, dem Gehirn oder der Wirbelsäule bei den kleinen Querzahnmolchen problemlos aus.

Natürlich versucht die Wissenschaft schon seit Längerem, dem Geheimnis der überragenden Regenerationsfähigkeit des Axolotls auf die Spur zu kommen. Über die Erforschung der am Regenerationsprozess beteiligten Gene und Botenstoffe erhofft man sich Erkenntnisse, die auch bei der Wundheilung in der Humanmedizin hilfreich sein können.

Wissenschaftler vom Ambystoma Mexicanum Bioregeneration Center an der Medizinischen Hochschule Hannover sind auch tatsächlich fündig geworden. Sie konnten nachweisen, dass das beim Axolotl an Regenerationsprozes-

sen beteiligte Enzym AmbLOXe auch in menschlichen Hautzellen die Wundheilung beschleunigt. Durchaus möglich also, dass demnächst eine »Axolotl-Wundheilcreme« auf den Markt kommt.

Allerdings muss man sich große Sorgen um die Freilandbestände des Axolotls machen. Während dank guter Nachzucht in den Laboren und Aquarien dieser Welt Hunderttausende Axolotl zu finden sind, ist bei den Freilandpopulationen der Amphibien ein dramatischer Rückgang zu verzeichnen. Eine Tatsache, die vor allem damit zusammenhängt, dass der natürliche Lebensraum der Querzahnmolche, die Seen rund um Mexico City, in den letzten Jahren nahezu verschwunden ist. Wurde im Jahr 2009 die Freilandpopulation noch auf rund tausend Exemplare beziffert, konnte fünf Jahre später bei einer Suche, die sich immerhin über vier Monate erstreckte, kein einziger frei lebender Axolotl mehr entdeckt werden. Kein Wunder also, dass die Weltnaturschutzorganisation den Axolotl auf ihrer *Roten Liste* als »akut vom Aussterben bedroht«, sprich in die höchste existierende Gefährdungskategorie eingestuft hat.

Ein Cyborg zum Selberbasteln (RoboRoach)

Ob es Robocop, Darth Vader oder der Sechs-Millionen-Dollarmann ist – auf Cyborgs (von genialen Forschern geschaffene Mischwesen, die aus einem lebendigen Organismus und einer Maschine bestehen) treffen wir in Hollywoodfilmen in regelmäßigen Abständen. Weit weniger bekannt ist allerdings, dass Cyborgs nicht nur in den Produkten der Traumfabrik, sondern auch in der Realität schon längst existieren. Es handelt sich dabei um Tiere, die dank allerlei technischem Equipment, das ihnen in mehr oder weniger aufwendigen chirurgischen Eingriffen eingepflanzt wurde, von uns Menschen wie eine Art Zombie ferngesteuert werden können. So experimentieren Wissenschaftler mit durch Lichtsignale steuerbaren Mäusen sowie mit Haien und Insekten, die in Zukunft möglicherweise einmal mit im Gehirn implantierter Elektronik zur Spionage eingesetzt werden sollen.

Was bisher CIA, Mossad und Co. vorbehalten war, ist seit Neustem auch für den Normalbürger verfügbar: Eine US-Firma hat einen Bausatz namens »RoboRoach« auf den Markt gebracht, mit dem jeder auch nur einigermaßen technisch begabte Anwender zu Hause im Wohnzimmer aus einer schlichten Kakerlake einen Cyborg basteln kann.

Der Bausatz, den man sich für gerade mal 99 US-Dollar bequem im Internet bestellen kann, besteht aus einem Elektronikbauteil, einer Batterie und den dazugehörigen Drähten. Und falls es in der heimischen Küche gerade an Kakerlaken mangelt, kann man auch die gleich mitbestellen. Zwölf Stück kosten 24 Dollar. Teuer? Nein, nein, denn bei den Cyborgs in spe handelt es sich nicht etwa um »stinknormale« Wald- und Wiesenkakerlaken, sondern um regelrechte »Monsterkakerlaken«. Um das Cyborg-Technikset, das es immerhin auf ein Gesamtgewicht von vier Gramm bringt, ohne größere Probleme tragen zu können, bedarf es schon eines größeren Kalibers. So bringt es die mitgelieferte mittelamerikanische Kakerlakenart Blaberus discoidales auf eine Länge von fünf und eine Breite von drei Zentimetern.

Die eigentliche Verwandlung von Kakerlake zum Cyborg geht relativ einfach vonstatten. Ein detailliertes Anwendungsvideo, das mit dem Bausatz mitgeliefert wird, beschreibt die einzelnen Schritte: Zunächst einmal wird die Kakerlake für fünf Minuten in eiskaltes Wasser gesteckt. Das fährt die Aktivität des wechselwarmen Tieres so weit herunter, dass es die jetzt folgenden chirurgischen Eingriffe ohne große Gegenwehr über sich ergehen lässt.

Als Erstes gilt es, mit Schmirgelpapier vorsichtig den Chitinpanzer am Kopf der Kakerlake aufzurauen und anschließend Elektronikteil und Batterie mithilfe eines Zweikomponentenklebers dort zu befestigen.

Als Nächstes bohrt man mit einer dünnen Nadel ein Loch in den Rückenpanzer des Tieres und führt anschließend einen Draht des Bausatzes ein. Dieser Vorgang dient der Erdung. Um die Kakerlake ruhig zu halten, muss zwischendurch immer wieder gekühlt werden. Nach erfolgreicher Erdung müssen noch zwei Drähte mit den Fühlern der Kakerlake verbunden werden, jenen Körperteilen, die die entscheidende Rolle bei der Navigation des Krabbeltiers spielen. Nachdem auf diese Weise eine Verbindung des Elektronikteils mit dem Nervensystem des Insekts hergestellt wurde, ist der Do-it-yourself-Cyborg einsatzbereit.

Für die Steuerung des Insekten-Zombies genügt nun ein handelsübliches Smartphone. Per Bluetooth schickt eine entsprechende App über das Elektronikteil elektrische Impulse an das Nervensystem der Kakerlake, die dem derart manipulierten Insekt weismachen, es sei an ein Hindernis gestoßen. Mithilfe des Touchscreens des Smartphones lässt sich das Tier also ganz bequem über den jeweiligen Fühler nach rechts oder links steuern. Nach einem Zeitraum von zwei bis sieben Tagen tritt allerdings eine Art Gewöhnungseffekt ein: Die Kakerlake reagiert nicht mehr auf die falschen Signale.

Zum alten Eisen gehört das Hightech-Haustier deshalb jedoch nicht, denn »RoboRoach« ist reversibel. Mit wenigen Handgriffen kann man die Kakerlake von ihrem Cyborg-Rucksack befreien und den Cyborg-Rentner zurück zu seinen technikfreien Artgenossen setzen.

Natürlich wird ein Projekt wie »RoboRoach« von Tierschützern äußerst kritisch gesehen – vorsichtig formuliert. Zwar streitet man sich in der Wissenschaft immer noch darüber, ob Insekten über ein Schmerzempfinden verfügen, wie wir es beispielsweise von Wirbeltieren her kennen. Doch hat man vor einiger Zeit herausgefunden, dass Kakerlaken auch durch kleinere Verletzungen derart unter Stress gesetzt werden können, dass dies, bedingt durch eine gewaltige Ausschüttung von Stresshormonen, mitunter zum Tod des malträtierten Insekts führt. Darüber hinaus sehen Tierschutzorganisationen ethische Probleme in der Tatsache, dass bei »RoboRoach« ein lebendes Tier als manipulierbares Spielzeug herhalten muss. Ein Argument, das wiederum der Hersteller mit der Behauptung kontert, »RoboRoach« sei keineswegs ein Spielzeug der etwas anderen Art, sondern vielmehr ein »Bildungsbaukasten«. Mithilfe der technisierten Kakerlaken soll der Anwender mehr über die Funktionsweise des Gehirns bzw. des Nervensystems lernen. Also: Biologieunterricht zum Selbermachen.

Das Ungeheuer von Dornach (Alligatorschnappschildkröte)

»Ein Ungeheuer in Gestalt und Wesen, ein Krokodil mit Schildkrötenpanzer ist die Schnappschildkröte, welche die Gattung der Alligatorschildkröten vertritt. Sie beißen nach allem, was ihnen in den Weg kommt, und lassen das einmal Erfasste so leicht nicht wieder los.« So fasste Tiervater Alfred Brehm das, was er über die Alligatorschnappschildkröte wusste, zusammen. Und traf mit seinem Resümee genau ins Schwarze.

Zumindest wenn es um die sogenannte Geierschildkröte geht. Die ist nämlich mit einer Körperlänge von bis zu siebzig Zentimetern und einem Kampfgewicht von manchmal über hundert Kilogramm die größte und vor allem auch die gefährlichste aller Alligatorschnappschildkrötenarten. Mit ihrem geierartigen Schnabel und dem gewaltigen Panzer erinnert sie allerdings eher an ein Urzeitmonster als an eine »normale« Schildkröte. Ihr Lebensraum sind langsam fließende Gewässer und Seen mit reichlich Bodenschlamm in Nord-, Mittel- und Teilen von Südamerika. In ihrer Umgebung fressen die tagaktiven Lauerjäger alles, was sie überwältigen können. Das fängt bei kleinen Fischen an und hört bei Enten und Gänsen auf, die die gefräßigen Echsen an den Beinen packen und so lange unter der Wasseroberfläche festhalten, bis sie ertrunken sind.

Die starken Gliedmaßen der Tiere sind mit sehr kräftigen Krallen versehen und können fürchterliche Wunden reißen. Hauptwaffe der Schildkröten sind jedoch ihre sehr harten

und äußerst scharfen Kiefer. Mit diesen Beißwerkzeugen sind ausgewachsene Exemplare locker in der Lage, die Finger oder Zehen erwachsener Personen oder gar eine Kinderhand abzutrennen. Und so wurde und wird das Reptil immer wieder auch Badenden und Fischern zum Verhängnis.

Seit einigen Jahren tummeln sich diese überaus aggressiven Reptilien übrigens auch in bundesdeutschen Baggerseen. Ein hausgemachtes Problem, denn Alligatorschnappschildkröten sind bei Terrarianern sehr beliebt. Weil die Reptilien für jedes Terrarium jedoch irgendwann zu groß werden, setzen ihre Besitzer die Tiere gern einfach im nächsten Gewässer aus. Ein höchst illegales und gefährliches Unterfangen! Das wissen auch die deutschen Behörden, und so braucht man als Privatmann eine spezielle Erlaubnis, um die Tiere im Haus halten zu dürfen.

Eine der ersten Alligatorschnappschildkröten, die in Deutschland für Furore sorgten, war Geierschildkröte »Eugen«, die später einmal als »Ungeheuer von Dornach« in die Schnappschild-krötengeschichte eingehen sollte. Im Sommer 2002 hielt Eugen die Badenden im Dornacher Weiher, bei München, so lange in Atem, bis es einem Angler gelang, das immerhin 75 Zentimeter große Reptil aus dem Verkehr zu ziehen.

Auf Eugen folgte Lotti, die 2013, ebenfalls in einem bayrischen See, einem Jungen die Achillessehne durchgebissen hatte. 2014 machte dann in einem fränkischen Badesee eine Alligatorschnappschildkröte von sich reden, die nach dem Fußballer aus Uruguay, der seinen italienischen Gegenspieler bei der WM 2014 in den Hals gebissen hatte, folgerichtig »Suarez« getauft wurde.

Von wegen faul (Faultier)

Kaum ein Tier ist in der Vergangenheit bei Forschern so schlecht weggekommen wie das Faultier. So befand bereits im 18. Jahrhundert der französische Naturforscher Georges-Louis Buffon: »So lebhaft, tätig und exaltiert die Natur bei den Affen erscheint, so langsam, beengt und zugeschnürt zeigt sie sich bei den Faultieren; und es ist weniger Faulheit als Elend, es ist Gebrechen, Mangel, fehlerhafter Bau; die Augen blöde und gedeckt, die Kinnbacken unbeholfen und schwerfällig, das Haar platt, getrocknetem Grase ähnlich, die Schenkel schlecht eingefügt und fast außerhalb der Hüften, die Beine zu kurz, schlecht gewadet und noch schlechter endigend.« Ins gleiche Horn stieß auch Tiervater Brehm, der den Faultieren bescheinigte »sehr stumpfe und träge Geschöpfe« zu sein. Und noch 1926 schrieb der amerikanische Faultierforscher William Beebe, dass Faultiere eigentlich keinerlei Recht hätten, auf der Erde zu leben, wohl aber auf dem Mars, wo das Jahr nicht 365, sondern über sechshundert Tage besäße.

Auf den ersten Blick erscheinen diese despektierlichen Bemerkungen der Zoologen der Vergangenheit nicht gerade aus der Luft gegriffen zu sein: Nahezu ihr ganzes Leben lang hängen die Bewohner der tropischen Regenwälder Mittel- und Südamerikas völlig lethargisch im Geäst von Bäumen herum. Lediglich ab und an werden in einer Art Superslowmotion ein paar Blätter gepflückt und verzehrt. Selbst die »schönste Sache der Welt« findet bei den Tieren mit den langen Armen hoch

oben in den Wipfeln der Bäume und in einem äußerst gemäch-
lichen Tempo statt.

Trotzdem gilt bei den Faultieren nicht *nomen est omen*, da sie
nicht faul sind, sondern lediglich langsam – und das mit gutem
Grund. Langsamkeit ist die Überlebensstrategie der Faultiere!

Hoch oben in den Wipfeln ihrer Wohnbäume haben sie
einen Lebensraum gefunden, den ihnen kein anderes Tier
streitig machen will, da die Blätter, die es in den Baumkronen
zu futtern gibt, extrem nährstoffarm sind. Faultiere stört das
nicht. Allerdings müssen sie, wollen sie mit dieser kargen Kost
zurechtkommen, mit ihren Energieressourcen äußerst sparsam
umgehen. Dabei ist jede unnötige Bewegung schon eine zu viel.

So gibt es auch nur einen einzigen Grund, aus dem Faultiere ihre bewegungsarme Lebensweise hoch oben im Baum
regelmäßig kurzfristig aufgeben: der Gang zur Toilette, der
bei Faultieren alle ein bis zwei Wochen stattfindet. Müssen sie

mal, steigen die Tiere ganz gemächlich von ihrem Wohnbaum herunter, verrichten ihr Geschäft und vergraben den Kot anschließend sehr sorgfältig.

Warum die Tiere zur Verrichtung ihrer Notdurft ihren schützenden Baum verlassen, hat die Wissenschaft noch nicht herausgefunden. Allerdings müssen der oder die Gründe schwerwiegend sein, denn »aufs Klo gehen« ist für Faultiere nicht nur äußerst anstrengend, sondern oft auch eine Sache auf Leben und Tod. Die Anatomie eines Faultiers ist nämlich ganz klar auf »Hängen« und nicht auf »Gehen« ausgerichtet. Ist der Bizepsmuskel der Faultiere durch das ständige Hängen stark ausgeprägt, fehlt den Dauerhängern auf der anderen Seite ein kräftiger Trizepsmuskel, mit dem sie ihren Körper hochstemmen könnten. Deshalb sind Faultiere nicht in der Lage, auf allen vieren zu gehen, sondern können sich am Boden lediglich mit ihren Armen vorwärtsziehen. Das wiederum hat zur Folge, dass sich Faultiere am Boden gerade mal mit einer Geschwindigkeit von maximal 150 Metern pro Stunde fortbewegen und so eine leichte Beute für große Raubtiere wie etwa Jaguare sind. Jeder Toilettengang wird damit ein Abenteuertrip mit ungewissem Ausgang.

Ganz auf »Hängen« ausgerichtet ist übrigens auch das Fell der Faultiere. Bei dem verläuft der Scheitel nämlich nicht wie bei einem »normalen« Säugetier entlang der Wirbelsäule, sondern sitzt auf der Bauchseite, genauer gesagt exakt auf der Mittellinie von Brust und Bauch. Eine ideale Anpassung an die hängende Lebensweise: Bei Regen bleiben die Wassertropfen nicht im Fell hängen, sondern laufen rechts und links an den Haaren herab.

Darüber hinaus ist das Faultierfell ein »besiedeltes«, ja man könnte fast sagen, ein »lebendiges« Fell. Faultierhaare sind nämlich mit Rillen versehen, in denen Blaualgen zu Hause sind. Sie gehen eine perfekte Symbiose mit den Faultieren ein. Die Algen finden im Fell ein wunderbar feuchtwarmes Milieu vor, das ihre Entwicklung enorm fördert. Das Faultier dagegen profitiert von der blau-grünen Farbe, die die Algen seinem Fell verpassen und die in den Wipfeln der Bäume eine perfekte Tarnung abgibt. Dank der Algenfärbung sind Faultiere von ihren Fressfeinden kaum noch zu entdecken.

Den Trubel im Fell der Faultiere komplettieren Insektenarten, die sich ganz explizit von den Algen ernähren. Will heißen: Das Faultierfell bietet sowohl einigen Schmetterlings- als auch einigen Käferarten ein mit einem reichlich gedeckten Tisch versehenes Zuhause. Fazit: Faul sein kann sich durchaus lohnen. Vor allem dann, wenn man viele Freunde hat.

Fisch mit Brille (Vieraugenfisch)

Befragt man das allgegenwärtige Internetlexikon Wikipedia, dann war der Erfinder des Blitzableiters, Benjamin Franklin, zugleich auch der Erfinder einer besonderen Brille. Dem berühmten amerikanischen Staatsmann und Naturwissenschaftler war es mit zunehmendem Alter lästig geworden, ständig zwischen einer Fernbrille und einer Lesebrille wechseln zu müssen, um seine Umwelt in allen Lebenslagen scharf sehen zu können. Deshalb entwickelte Franklin eine spezielle Brille, die es ihm dank unterschiedlichen Glasschliffs möglich machte, auf kurze wie auch weite Entfernung scharf zu sehen. Eine Brille, die später unter dem Namen Bifokalbrille in die Geschichte der Optik eingehen sollte.

Wenn man es jedoch genau nimmt, so war Benjamin Franklin keineswegs der Erfinder dieses Meisterstücks, sondern nur ein Nachahmer. Mutter Natur oder besser gesagt die Evolution kam ihm einige Millionen Jahre zuvor, indem sie einem südamerikanischen Fisch aus einer sehtechnischen Klemme half: dem Vieraugenfisch. Dieses Tier, das als Lebensraum das Brackwasser der Küstenbereiche des Atlantiks bevorzugt, aber auch einige Flüsse in Mittel- und Südamerika bewohnt, gehört zu den sogenannten Oberflächenfischen und schwimmt am liebsten dicht unter der Wasseroberfläche. Um sowohl mitzukriegen, was unter Wasser geschieht, als auch außerhalb des flüssigen Elements nicht den Überblick zu verlieren, stattete die Natur den rund dreißig Zentimeter langen Fisch mit einer Spezialkonstruktion aus. Was auf den ersten Blick vier Augen zu sein scheinen – wie es der Name Vieraugenfisch suggeriert –, sind in Wirklichkeit nur zwei große Augen, die jeweils durch ein kleines waagerechtes Hautbändchen in eine obere und eine untere Hälfte geteilt sind. Mit der oberen Augenhälfte, die er wie eine Art Periskop zur Überwassersicht einsetzt, sucht der Vieraugenfisch den Himmel nach hungrigen Wasservögeln ab, vor denen es abzutauchen gilt. Oder er versucht, ein tief fliegendes Insekt zu erspähen, das er mit einem gezielten Sprung aus dem Wasser erbeuten kann. Mit der unteren Hälfte des Auges beobachtet der Vieraugenfisch die Unterwasserwelt, denn auch von dort will man schließlich keine bösen Überraschungen erleben. Beispielsweise durch einen fresslustigen Meereswels.

Weil man, um auch unter Wasser scharf sehen zu können, unter der Wasseroberfläche dickere Augenlinsen benötigt als zum Sehen in der Luft, ist die elliptisch geformte Linse des Vieraugenfisches im unteren Teil deutlich dicker als im oberen Teil – und damit ein echter tierischer Vorläufer von Franklins Bifokalbrille.

Kugelsicher (Kugelgürteltier)

Nicht nur Fußballfans werden sich erinnern: Das Maskottchen der Fußball-WM 2014 in Brasilien war ein Gürteltier, genauer gesagt ein Kugelgürteltier namens »Fuleco«. Laut einem Sprecher der FIFA fiel die Wahl unter anderem auch deshalb auf dieses zwar nicht unbedingt hässliche, aber auf jeden Fall sehr skurrile Tier, weil es sich dabei um eine brasilianische Tierart handelt, die vom Aussterben bedroht ist.

Gemeinsames Kennzeichen aller zwanzig Gürteltierarten, die alle ausschließlich in Südamerika bzw. im Süden Nordamerikas zu Hause sind, ist eine schwere Panzerung, die fast den gesamten Körper bedeckt. Bei jungen Gürteltieren ist dieser Panzer noch lederartig. Mit zunehmendem Alter wandeln sich die einzelnen Platten in dicke, harte Knochenplatten um, die sehr ordentlich in Reihen angeordnet sind und in ihrem Aussehen stark an einen Gürtel erinnern – daher der Name Gürteltier.

Die rund dreißig Zentimeter langen Kugelgürteltiere sind die Einzigen ihrer Gattung, die sich bei Gefahr komplett zu einer Kugel zusammenrollen können. Dazu verstecken sie die Beine im Inneren der Kugel, während die harte Oberseite von Kopf und Schwanz den Verschluss bilden. Und so eine gepanzerte Kugel ist natürlich ein perfekter Schutz, weshalb Kugelgürteltiere kaum natürliche Feinde zu fürchten haben. Lediglich ein großer Jaguar schafft es, mit seinem Gebiss den Panzer zu knacken.

Übrigens: Es ist keine gute Idee, auf ein Gürteltier zu schießen. Denn die Panzerung ist so stark, dass sie, zumindest in Einzelfällen, Pistolen- oder gar Gewehrkugeln standhält. Feuert man dennoch auf das eingerollte Tier, kann es leicht geschehen, dass die Kugel von der Panzerung abprallt und als Querschläger entweder den Schützen selbst verletzt oder einen anderen umstehenden Menschen.

Doch trotz dieser zumindest partiellen »Kugelfestigkeit« ist es leider dennoch der Mensch, der den gepanzerten Säugetieren schwer zu schaffen macht. Kugelgürteltiere werden nämlich wegen ihres Fleisches, das als sehr schmackhaft gilt, stark bejagt. Und nicht nur das: Zur kulinarischen Spezialität gehört es leider dazu, die armen Tiere im eigenen Panzer zu garen oder schmoren. Noch mehr zu schaffen macht den diversen Kugelgürteltierpopulationen allerdings der zunehmende Verlust ihres Lebensraumes durch die zahllosen Urwaldrodungen.

Die Nahrung der Kugelgürteltiere besteht in der Hauptsache aus Insekten und deren Larven, in erster Linie Ameisen und Termiten, die sie mit ihren scharfen Krallen ausbuddeln. Bei der Nahrungssuche kommt den Tieren ihr hervorragend entwickelter Geruchssinn zu Hilfe, mit dem sie ihre Beutetiere selbst zwanzig Zentimeter tief im Erdboden noch erschnüffeln können. Neben Insekten stehen auch Vogeleier und Amphibien auf der Speisekarte, ebenso wie pflanzliche Kost in Form von Früchten.

Gürteltiere lieben übrigens das Wasser und sind gute Schwimmer. Und damit sie beim Schwimmen nicht von ihren in der Tat sehr schweren Knochenplatten in die Tiefe gezogen werden, haben sich die kleinen Panzertiere einen raffinierten Trick ausgedacht. Bevor sie baden gehen, schlucken sie viel Luft, was Magen und Darm so aufbläht, dass sie als regelrechte Luftkissen wirken. Auf diesen »gebettet«, sind die Gürteltiere nicht nur in der Lage, sich an der Wasseroberfläche zu halten, sondern auch größere Strecken schwimmend zurückzulegen. Bei genauerer Betrachtung sind Parallelen zu Superhelden aus diversen Comics kaum zu leugnen. Supergeruchssinn, Kugelfestigkeit und eingebaute Luftmatratze können also nicht nur der kreativen Feder, sondern auch dem Tierreich entspringen.

Rot ist schön (Kahlkopf-Uakari)

Kahlkopf-Uakaris, die auch unter dem etwas despektierlichen Namen »Scharlachgesicht« bekannt sind, haben ein für uns Menschen gelinde gesagt seltsames, ja befremdliches Aussehen. Mit ihren knallroten, unbehaarten Gesichtern erinnern die Affen sehr stark an einen unter massivem Bluthochdruck leidenden Rentner, dem gerade die letzten Haare ausgefallen sind. Einen ziemlich hässlichen Rentner, nebenbei bemerkt.

Nun liegt ja Schönheit immer im Auge des Betrachters. Während die leuchtend roten Gesichter der Primaten, die im Dschungel Brasiliens zu Hause sind, auf uns Menschen schon fast abstoßend wirken, können die der männlichen Affen für ihre Weibchen gar nicht rot genug sein. Weibliche Uakaris stehen ganz klar auf Männer mit rotem Antlitz. Je röter das Gesicht eines Uakari-Mannes ist, desto begehrenswerter erscheint er der Damenwelt. Und das nicht etwa aus ästhetischen Gründen. Der Rötegrad im Gesicht der männlichen Affen dient den Damen vielmehr als untrüglicher Indikator dafür, wie es um die Gesundheit ihrer Freier bestellt ist. Kranke Männchen, vor allem solche, die sich mit der in ihrem Verbreitungsgebiet häufigen Tropenkrankheit Malaria infiziert haben, zeichnen sich nämlich durch eine blassrosa Gesichtshaut aus. So kann ein Weibchen mit einem Blick sicherstellen, dass nur ein gesundes Männchen als Vater für seine Nachkommen infrage kommt.

Dieser »Wer ist ein geeigneter Gatte«-Schnelltest funktioniert deshalb so gut, weil bei den Uakari-Affen zahlreiche Blut-

gefäße direkt unter der Gesichtshaut verlaufen, die obendrein deutlich dünner ist als andere Hautpartien. Darüber hinaus verfügt das Gesicht der Uakaris über keinerlei Pigmente, wodurch die Haut in gewissem Sinn nahezu transparent erscheint. All diese Eigenschaften ermöglichen es einem gesunden Affenmann, den Weibchen jederzeit zu zeigen, dass er über ausreichend Blut verfügt. Ein Blutverlust durch Krankheit oder eine Verletzung schlägt sich dagegen sofort in einem Erblassen des Gesichts nieder – und führt dazu, dass die Chancen, als Freier in die engere Auswahl zu kommen, gegen null tendieren.

Extrem hässlich zu sein, muss übrigens nicht automatisch ein frühes Ende bedeuten: In Gefangenschaft können Uakaris über dreißig Jahre alt werden.

Der ekligste Parasit der Welt (Cymothoa exigua)

Parasiten jeglicher Couleur erfreuen sich weder bei Menschen noch bei Tieren großer Beliebtheit: Stechmücken saugen das Blut ihrer Opfer, Bandwürmer bedienen sich an der Nahrung ihres Wirtes, und Einzeller manipulieren mitunter sogar das Gehirn ihres Opfers und verwandeln den Befallenen in eine Art Zombie. Aber es geht noch schlimmer: Vor Kurzem hat man bei diversen Fischarten einen ausgesprochen ekelerregenden Parasiten namens Cymothoa exigua entdeckt.

Es handelt sich um eine marine Asselart, die im östlichen Pazifik zwischen dem Golf von Kalifornien und Ecuador in Tiefen von zwei bis sechzig Metern lebt und dort an verschiedenen Fischarten parasitiert. Opfer sind vor allem Meeresbewohner aus der Familie der Schnapper, ab und an auch einmal ein Wolfsbarsch.

Zwischen den Männchen und den Weibchen der marinen Asselart gibt es gewaltige Größenunterschiede. Während die Männchen bis zu fünfzehn Millimeter groß werden, bringen es die Weibchen leicht auf die doppelte Größe.

Cymothoa exigua ist sogenannter protandrischer Hermaphrodit, also ein Tier, das als Basisausstattung sowohl männliche als auch weibliche Geschlechtsorgane besitzt, sein Leben als Männchen beginnt, um sich nach einer gewissen Zeit in ein Weibchen umzuwandeln.

Ihren Lebenszyklus beginnen die Asseln als im Meer frei schwimmende Larven. Treffen die auf einen geeigneten Fisch, heften sie sich an den Kiemen ihres Opfers fest, wo sie sich zu Männchen entwickeln. Nach einer gewissen Zeit verwandelt sich dann eines der Männchen in ein Weibchen und dringt in die Mundhöhle des Fisches vor, wo es sich mit seinen kräftigen Hinterbeinen an die Basis der Zunge des Fisches heftet. Dort angekommen, zapft es mithilfe seiner scharfen Mundwerkzeuge eine hier verlaufende Arterie an und kann sich dadurch permanent vom Blut seines Opfers ernähren.

Die Zunge des malträtierten Fisches wird, bedingt durch den Saugvorgang der Assel, mittelfristig nicht mehr ausreichend mit Blut versorgt und stirbt infolgedessen langsam ab. Da der Fisch sich ohne Zunge jedoch nicht mehr ernähren kann und deshalb in kurzer Zeit verhungern würde, ersetzt die Assel mit ihrem Körper das zerstörte Organ und übernimmt dessen Funktion. Der Parasit nimmt also nicht nur die Stelle, sondern auch die Funktion der Zunge ein und hilft so beim Schlucken von Nahrung. Schließlich ist dem Parasiten viel daran gelegen, dass sein Wirt ein langes Leben führt. Andernfalls würde ja auch die eigene Nahrungsquelle versiegen. Damit ist Cymothea exigua der einzige Parasit weltweit, der einen Körperteil seines Wirtes funktionell ersetzt.

Sind noch weitere Männchen an den Kiemen vorhanden, kommt es im Mund des Fisches zur Paarung mit dem Weibchen, das seine Rolle als »Ersatzzunge« nach der Paarung weiterhin wahrnimmt. Die befruchteten Eier speichert das Weibchen in einer Tasche am Hinterleib, bis die Larven schlüpfen und den Fisch über den Mund verlassen. Damit ist der Lebenskreislauf der Asseln geschlossen.

In den letzten Jahren sind immer wieder, selbst weit entfernt von der kalifornischen Küste zum Beispiel in England und in Irland, in Delikatessgeschäften bzw. Supermärkten Fische aufgetaucht, die an Stelle einer Zunge eine Assel im Mund hatten. Eine Tatsache, die bei den Käufern nicht gerade Freude aufkommen ließ. In Puerto Rico verklagte ein empörter Kunde eine Supermarktkette auf Schadenersatz, nachdem er in einer Filiale einen infizierten Roten Schnapper gekauft und samt Assel verspeist hatte. In seiner Klage argumentierte der Mann, er sei durch den Verzehr des Parasiten vergiftet worden. Die Klage wurde mit der Begründung abgeschmettert, dass das Verspeisen einer Assel zwar unappetitlich, nicht aber gesundheitsschädlich für den Konsumenten ist. Und auch den befallenen Fisch kann man, wenn man die Assel entfernt und einen gewissen Ekel überwunden hat, bedenkenlos verzehren.

Die einzige Gefahr, die für den Menschen von den Asseln ausgeht: Wenn man ein lebendes Exemplar in die Hand nimmt, können einen die Tiere mit ihren Mundwerkzeugen zwicken.

ARKTIS UND ANTARKTIS

Nordpol
+

- David-Hasselhoff-Krabbe
- Südlicher Seeelefant
- Narwal
- Wanderalbatross

Südpol
+

Brusthaare, Gruppensex und heiße Bäder
(David-Hasselhoff-Krabbe)

In den letzten Jahren ist es bei Wissenschaftlern ziemlich populär geworden, neu entdeckte Tierarten nach Prominenten zu benennen. So wurde vor Kurzem eine erstmalig gesichtete Wassermilbenart nach der amerikanischen Sängerin und Schauspielerin Jennifer Lopez benannt. Eine in der Nähe der Antarktis entdeckte Krabbe verdankt dagegen dem berühmtesten Bademeister aller Zeiten, David Hasselhoff, ihren Namen. Genau wie der Star der US-amerikanischen Serie *Baywatch* erfreut sich die Hoff-Krabbe (The Hoff = amerikanisch für David Hasselhoff) einer fülligen Brustbehaarung. Und sie steht auf Gruppensex und heiße Sprudelbäder. Inwiefern es diesbezüglich Ähnlichkeiten zum Namenspaten gibt, soll und kann hier nicht erörtert werden.

Die recht kleine Krabbe gehört zur Gruppe der sogenannten Yeti-Krabben, die wiederum ihren Namen ihrer weißen Färbung und den langen haarähnlichen Borsten an den Gliedmaßen verdanken. Ihr Anblick erinnerte ihre Entdecker wohl stark an den legendären Schneemenschen des Himalayas.

Der Lebensraum der Hoff-Krabben ist die Tiefsee. Genauer gesagt der Ost-Scotia-Rücken, ein in zweitausend Meter Tiefe gelegener mittelozeanischer Rücken in der Nähe der Antarktis. Dort findet man die Krabben auf dem Meeresboden rund um »Schwarze Raucher« genannten Schlote, aus denen heiß sprudelndes, stark mineralhaltiges Wasser austritt.

Entdeckt wurden die skurrilen Krebstiere zum ersten Mal auf einer Antarktisexpedition im Jahr 2010. Für Forscher der Universität Southampton Grund genug, um mithilfe eines ferngesteuerten Forschungsunterseeboots das Leben und die Gewohnheiten der Krabben näher zu untersuchen. So fanden sie heraus, dass die langen Brusthaare der Krabben eine wichtige Funktion haben. Sie dienen als eine Art Petrischale, in der die Hoff-Krabben Bakterien züchten, die sich von den aus den Unterwasserschloten austretenden Mineralien, wie zum Beispiel Schwefel, ernähren. Und diese Bakterien sind wiederum die Nahrungsgrundlage für die Krabben. Mit kammartig konstruierten Mundwerkzeugen ziehen die Krebstiere die Bakterien von ihren Brusthaaren ab und schaufeln sie anschließend in die Mundhöhle, wo sie bequem verzehrt werden können. Letztendlich bauen die Krabben also ihre eigene Nahrung an, um sie später zu ernten. Man könnte hier gut von »Körperfarming« sprechen.

Ziemlich außergewöhnlich ist auch das Fortpflanzungsverhalten der Hoff-Krabben. Man hat nämlich beobachtet, dass sich die Weibchen und Männchen an der Basis der Schlote zur Paarung treffen. Und zwar nicht nur einzelne Paare, das Ganze passiert im Gegenteil, Zitat der Forscher, »in spektakulären Haufen, mehrere Krabbenschichten tief«. Die Wissenschaftler haben Krabbendichten von bis zu sechshundert Individuen pro Quadratmeter beobachtet. Also so eine Art Supergruppensex. Wobei nicht klar ist, ob sich die Männchen mit mehreren Weibchen paaren bzw. umgekehrt.

Nach dem Sex kommt es zu einem ziemlich ominösen Verhalten der Geschlechtspartner: Männchen und Weibchen trennen sich und halten sich künftig an völlig verschiedenen Orten auf. Die begatteten Krebsdamen entfernen sich von den

Schloten, weil offensichtlich die giftigen Inhaltsstoffe der heißen Sprudelquellen nicht gerade förderlich für den Nachwuchs sind. Dadurch wächst aber auch die Distanz zu den Mineralien, die aus den heißen Quellen der Schornsteine sprudeln, sodass die Weibchen schlechter mit Nährstoffen versorgt werden und lediglich ein bescheidenes Wachstum an den Tag legen.

Die Männchen dagegen schlagen postkoital genau den umgekehrten Weg ein und kraxeln auf die Schlote hinauf, wo sie reichlich Futter für ihre Bakterienzucht und damit sich selbst finden. Diese günstige Ernährungslage bewirkt, dass die Männchen auf den Schloten mit fünfzehn Zentimetern etwa dreimal so groß werden wie die Weibchen.

Nebenbei: Der wissenschaftliche Name der Hoff-Krabbe ist übrigens etwas klangvoller. Ihre Entdecker entschlossen sich, das Tier Kiwa tyleri zu benennen, um damit den renommierten Biologen und Tiefseeforscher Paul Tyler von der Universität Southampton für sein Lebenswerk zu ehren. Ob sie *Baywatch*-Fans sind, wollten die Wissenschaftler übrigens nicht verraten.

Der Superpascha (Südlicher Seeelefant)

Beim Südlichen Seeelefanten handelt es sich trotz seines Namens keineswegs um eine Art marinen Benjamin Blümchen, sondern um eine Robbenart, die in der Antarktis zu Hause ist. Und was für eine Robbenart! Der Südliche Seeelefant ist, was Größe und Masse betrifft, eines der eindrucksvollsten Tiere der Welt. Zumindest die Männchen, die bis zu sechseinhalb Meter lang und dreieinhalb Tonnen schwer werden. Die Seeelefantendamen kommen lediglich auf eine Länge von bis zu drei Metern und einem Gewicht von bis zu achthundert Kilogramm und sind damit deutlich kleiner als die Herren.

Ihren seltsamen Namen verdanken die Riesenrobben neben ihrer gewaltigen Körperfülle vor allem der rüsselartig vergrößerten, aufblasbaren (!) Nase der Männchen. Sie dient zum einen der Lautverstärkung bei der Kommunikation, zum anderen ist sie Statussymbol – ähnlich wie das Geweih beim Hirsch.

Der Südliche Seeelefant verbringt den Löwenanteil seines Lebens auf hoher See, wo ihn seine viele Zentimeter dicke Speckschicht vor der Kälte des Polarmeeres schützt. Gleichzeitig dient sie ihm als körpereigener Vorratsspeicher, der den Giganten mit der nötigen Energie versorgt. Wirken die riesigen Robben an Land plump und behäbig, erweisen sie sich im Wasser als geschickte und ausdauernde Schwimmer und Taucher. Bei seinen Tauchgängen, die eine Stunde und länger andauern können und bei denen er, neuesten Erkenntnissen zufolge, Tauchtiefen von über zweitausend Metern erreichen kann, erbeutet der Seeelefant Fische, Krebstiere und Tintenfische. Er selbst hat im Meer lediglich große Weiße Haie und Schwertwale zu fürchten.

An Land begibt sich der Seeelefant nur zur Fortpflanzung. Erwachsene Tiere kehren in der Regel an genau jene Strände zurück, an denen sie selbst einst geboren wurden. Von August bis November leben die Tiere an diesen sogenannten Fortpflanzungsstränden in zum Teil riesigen Kolonien. Die männlichen Seeelefanten erreichen die Strände stets einige Wochen vor den Weibchen und kämpfen dort in teilweise blutigen Kämpfen um die besten Reviere. Treffen später die Weibchen ein, werden sie vom jeweiligen Revierinhaber, dem sogenannten Strandmeister, regelrecht in Besitz genommen und gegenüber anderen Strandmeistern energisch verteidigt – die Bullen legen sich einen aus mehreren Weibchen bestehenden Harem zu.

Und die größten Robben der Welt sind nicht gerade bescheiden, wenn es um die Größe ihres Harems geht. Zwischen zehn und zwanzig Haremsdamen sind normal. Fünfzig bis sechzig Damen können durchaus auch mal vorkommen. Der Rekord liegt bei einem Seeelefantenpascha, dem es gelang, stolze 160 Weibchen um sich zu versammeln. Das schafft natürlich Probleme, und zwar nicht nur in sexueller Hinsicht. Schließlich müssen die Weibchen rund um die Uhr strikt überwacht werden. Überall an der Peripherie des Harems lauern nämlich weitere, meist jüngere Männchen, die dem Strandmeister einzelne Damen oder sogar den gesamten Harem abspenstig machen wollen. Und so gehören Kämpfe gegen Nebenbuhler während der Brunftzeit zur Tagesordnung. Für die Paschas bedeutet das deshalb eifriges Fasten, da sie an Land bleiben müssen, um ihren Harem zu bewachen und zu verteidigen.

In den Kämpfen richten die rivalisierenden Männchen ihre

Oberkörper gegeneinander auf und versuchen, ihren Gegner mit den großen Eckzähnen zu verletzen. Ein Verhalten, das den Bullen viel Energie abverlangt, sodass sie während der drei Monate der Paarungszeit bis zur Hälfte ihres Körpergewichtes verlieren – im Extremfall ist das weit mehr als eine Tonne! Eine echte Paschadiät!

Das Ganze ist für die Seeelefantenbullen ein derartiger Stress, dass ihre Lebenserwartung deutlich unter der ihrer Weibchen liegt.

Beim eigentlichen Akt geht es übrigens ebenfalls nicht gerade zärtlich zu: Die gigantischen Männchen wälzen ihren massigen Körper nach Lust und Laune einfach auf die deutlich kleineren Weibchen, was für die Seeelefantendamen sicherlich kein reines Vergnügen ist.

Mit väterlicher Fürsorge haben die Paschas genauso wenig

am Hut, ganz im Gegenteil. Bei den exzessiven Paarungsorgien der gewichtigen Männer ist es gang und gäbe, dass sie ihre eigen Jungen versehentlich zerquetschen. Experten schätzen, dass die Seeelefanten auf diese Weise fast zehn Prozent ihres Nachwuchses verlieren.

Das Einhorn der Meere (Narwal)

Narwale gehören unzweifelhaft zu den bizarrsten Kreaturen, die unsere Ozeane zu bieten haben. Das charakteristische Merkmal der Wale, die in den arktischen Gewässern zu Hause sind, ist der spiralig gedrehte Stoßzahn des Männchens, der bis zu drei Metern Länge und ein Gewicht von zehn Kilogramm erreichen kann. Ein Zahn, der dem Narwal den Ehrentitel »Einhorn der Meere« eingebracht hat.

Als im Mittelalter heimkehrende Seefahrer aus Skandinavien immer wieder lange, spiralig gedrehte Hörner nach Mitteleuropa mitbrachten, war sich die zeitgenössische Wissenschaft sehr sicher: Hier konnte es sich nur um das Horn des edelsten aller Tiere handeln – des Einhorns, eines strahlend weißen, pferdeähnlichen Geschöpfes, dessen Stirn ein langes, spiralig gedrehtes Horn entspringt. Ein Tier, das sowohl zart als auch kraftvoll, stets anmutig und doch wild ist. Ein stolzes und mutiges Tier. Einhörner standen für Tugenden wie Reinheit, Unschuld oder Keuschheit. Und seinem Horn wurden wahre Wunderdinge nachgesagt.

So glaubte man lange Zeit, mit dem Stirnschmuck eines Einhorns Krankheiten heilen oder vergiftete Speisen entdecken und entgiften zu können. Kein Wunder also, dass vermeintliche Einhornhörner in der Renaissance mit Gold aufgewogen wurden und ihren Weg in die Schatzkammer so manches europäischen Herrschers fanden. Tatsächlich glaubte man bis weit ins 18. Jahrhundert an die Existenz des Einhorns, bevor man das sogenannte Horn als das identifizierte, was es tatsächlich ist: ein Zahn.

Auf seine Vergangenheit als Fabeltier weist ebenfalls der wissenschaftliche Name der Narwale hin, die bis zu sechs Metern lang und etwa 1,6 Tonnen schwer werden können: Monodon monoceros = einzähniges Einhorn.

Beim Narwalstoßzahn handelt es sich, streng anatomisch gesehen, in der Regel um den linken vorderen Schneidezahn des Oberkiefers, der die Oberlippe der Männchen nach außen wachsend durchbricht. Die Schneidezähne der Weibchen bleiben meist von außen unsichtbar im Oberkiefer eingebettet.

Bis heute rätselt die Wissenschaft darüber, welche Aufgabe dieser gigantische Stoßzahn im Leben eines Narwals eigentlich hat. Lange glaubte man, das monströse Werkzeug diene dazu, bei Tauchgängen unter dem ewigen Eis Atemlöcher in die gefrorene Decke zu bohren oder aber Beute wie kleine oder große Fische aufzuspießen. Später verbreitete sich die Ansicht, dass der Stoßzahn, ähnlich wie das Geweih eines Hirsches oder die Mähne eines Löwen, ein sekundäres Geschlechtsmerkmal sei, das dazu diene, die Damenwelt bzw. Konkurrenten zu beeindrucken. Andere Wissenschaftler vermuteten wiederum, dass der Stoßzahn bei den unter Narwalen üblichen Rang- und Rivalenkämpfen als Waffe eingesetzt wird. Unterstützt wird diese These durch typische Narben, die man häufig am Kopf älterer Narwalmännchen findet.

Forscher der Harvard University glauben, dass der lange Zahn möglicherweise noch eine ganz andere Funktion hat. Im sogenannten Dentin des Zahnes, so haben die Wissenschaftler herausgefunden, stecken nämlich bis zu zehn Millionen hochsensible Nervenenden, die den Zahn offensichtlich zu einem äußerst präzisen Sensor machen, mit dessen Hilfe der Narwal in der Lage ist, Temperatur, Salzgehalt und Druck des Wassers zu bestimmen. Informationen, die im Alltag eines Wales nicht unwichtig sind. Mit ihnen kann der große Meeressäuger zum Beispiel feststellen, wie groß die Entfernung zur Wasseroberfläche ist und ob sein Wohngewässer Gefahr läuft zuzufrieren. Außerdem erlaubt es der »Spürzahn« den Narwalen, ihre Beute anhand ihrer charakteristischen »chemischen Spur« besser zu orten.

Allerdings hat die These vom Superzahn einen kleinen Schönheitsfehler: Denn wenn der Stoßzahn tatsächlich so ein wichtiges Organ ist, warum besitzen weibliche Narwale dann keinen?

Treuer Bruchpilot (Wanderalbatross)

Spätestens seit dem berühmten Disney-Zeichentrickfilm *Bernhard und Bianca* weiß zumindest jedes Kind: Wenn es um Start und Landung geht, gehören Wanderalbatrosse nicht gerade zu den geschicktesten Fliegern dieser Welt. Ganz im Gegenteil, die großen Meeresvögel, die mit einer Flügelspannweite von bis zu 3,5 Metern zu den größten flugfähigen Vögeln überhaupt gehören, sind mit Sicherheit die schlechtesten »Starter« und »Lander« im gesamten Tierreich.

Eine ziemlich verwunderliche Tatsache, denn in Sachen elegantes und ausdauerndes Fliegen macht den Wanderalbatrossen so schnell kein anderer etwas vor. Mit ihren extrem langen Flügeln nutzen Albatrosse, ähnlich wie ein Segelflugzeug, den Aufwind für energiesparende Gleitflüge und legen dabei in wenigen Tagen Tausende von Kilometern zurück.

Was jedoch für einen Gleitflug extrem förderlich ist, behindert den Start vom Boden aus gewaltig. Die Flügel der großen Meeresvögel sind nicht nur lang, sondern auch sehr schmal und daher ziemlich unhandlich. Obendrein fehlt den Albatrossen eine kräftige Flugmuskulatur, mit der sie schnelle Flügelschläge erzeugen könnten, was ihnen große Probleme bereitet, die für den Start nötige Geschwindigkeit zu erzielen. Nur mit einem langen Anlauf und reichlich Gegenwind gelingt ihnen das Abheben. Bei schlechten Windbedingungen brauchen die großen Vögel oft Dutzende von Anläufen, bis sie sich endlich in die Lüfte erheben.

Und auch für die katastrophalen Landungen ist die im Verhältnis zur Länge überschaubare Breite der Flügel verantwortlich. Durch ihre geringe Breite entwickeln sie beim Landeanflug nämlich nur eine sehr begrenzte Bremswirkung, was eine Punktlandung nahezu unmöglich macht. Erschwerend hinzu kommt, dass Albatrosse mit einem Körpergewicht von bis zu dreizehn Kilogramm ziemlich schwere Brocken unter den flugfähigen Vögeln sind. Diese beiden Handicaps versuchen Albatrosse auszugleichen, indem sie beim Landeanflug ihre großen Füße nach vorne strecken, um die Bremswirkung zu erhöhen. Leider meist vergebens, sodass es oft zu den aus zahlreichen Filmen berühmt-berüchtigten Landepurzelbäumen der Albatrosse kommt.

Glücklicherweise haben Albatrosse deutlich mehr zu bieten als Pleiten, Pech und Pannen. Zum Beispiel in Sachen Fortpflanzung. Das fängt an bei der im Tierreich zwischen den Sexualpartnern so seltenen Treue – Albatrosse sind supertreu, bis zum Tod. Bei einem Lebensalter von bis zu sechzig Jahren kann es also durchaus zur Goldenen Hochzeit kommen, und das, obwohl Herr und Frau Albatross eine Fernbeziehung führen. Fast das ganze Jahr über fliegen die beiden nämlich allein, oft Tausende Kilometer voneinander entfernt über die Weltmeere. Lediglich zwischen Januar und April treffen sich die Langstreckenflieger auf ihrer Heimatinsel im antarktischen Meer zur Fortpflanzung.

Möglicherweise liegt der Grund für die außergewöhnliche Treue der Vögel darin begründet, dass sie, getreu dem Motto »Drum prüfe, wer sich ewig bindet«, vor ihrer endgültigen Eheschließung eine mehrjährige Verlobungszeit absolvieren. In dieser Beziehungsphase vollführen die Vögel äußerst komplizierte Balztänze, mit deren Hilfe die Verlobten nach Ansicht der Wissenschaft herausfinden wollen, ob sie auch wirklich zueinanderpassen.

Übrigens: Albatrosse haben einen ganz außergewöhnlichen Trick entwickelt, um sich vor Raubvögeln oder Menschen zu schützen. Bei einer Bedrohung beschießen sie ihren Gegner mit einem bestialisch riechenden Öl, das aus dem Magen stammt und das die Vögel gezielt aus den Nasenlöchern verspritzen können.

Literatur

Andriaholinirina, N. et al. (2012): Daubentonia madagascariensis. IUCN Red List of Threatened Species. Version 2014.1, International Union for Conservation of Nature

Arndt, E. M., Moore, W., Lee, W.-K., Ortiz, C. (2015): *Mechanistic origins of bombardier beetle (Brachinini) explosion-induced defensive spray pulsation*, Science 348 (6234), 563–567

Banerjee, S., Coussens, N. P., Gallat, F.-X., Sathyanarayanan, N., Srikanth, J., Yagi, K. J., Gray, J. S. S., Tobe, S. S., Stay, B., Chavasd, L. M. G., Ramaswamya, S. (2016): *Structure of a heterogeneous, glycosylated, lipid-bound, in vivo-grown protein crystal at atomic resolution from the viviparous cockroach Diploptera punctata,* International Union of Crystallography, Vol. 3, Part 4, 282–293

Baur, B., Montanucci, R. R. (1998): *Krötenechsen*, Herpeton, Offenbach

Beheshti, N., Mcintosh, A. C. (2007): *The bombardier beetle and its use of a pressure relief valve system to deliver a periodic pulsed spray.* Bioinspiration and Biomimetics, 2 (4), 57–64

Behrens, C. (2013): *Fernsteuerung für Kakerlaken. Die Cyborg-Schabe*, Süddeutsche Zeitung vom 22.11.2013

Braun, S., Bantleon, H. P., Hnat, W. P., Freudenthaler, J. W., Marcotte, M. R., Johnson, B. E. (1995): *A study of bite force, part 2: Relationship to various cephalometric measurements*, The Angle orthodontist 65 (5): 373–377

Brainerd, E. L. (1994): *Pufferfish Inflation: Functional Morphology of Postcranial Structures in Diodon holocanthus (Tetraodontiformes)*, Journal of Morphology 220, 243–261

Brown, B. R. (2002): *Modeling an electrosensory landscape: behavioural and morphological optimization in elasmobranch prey capture*, The Journal for Experimental Biology, 205, 999–1007

Brusca, R. C.,Gilligan, M. R. (1983): *Tongue replacement in a marine fish (Lutjanus guttatus) by a parasitic isopod (Crustacea: Isopoda)*, Copeia, 3(3), 813–816

Crowe, J. H., Carpenter, J. F., Crowe, L. M. (1998): *The role of vitrification in anhydrobiosis. Annual Review of Physiology*, 60, 73–103

Dantzer, B. J., Jaeger, R. G. (2006): *Detection of the Sexual Identity of Conspecifics through Volatile Chemical Signals in a Territorial Salamander*, Ethology, 113, 214–222

Deutsch, C. J., Self-Sullivan, C., Mignucci-Giannoni, A. (2008): Trichechus manatus. IUCN Red List of Threatened Species, Version 2009.2., International Union for Conservation of Nature

Dinets, V. (2015): *Play behavior in crocodilians. Animal Behavior and Cognition*, 2 (1), 49–55

Ellis, R. (1996): *Introducing Vampyroteuthis infernalis, the vampire squid from Hell*, The Deep Atlantic: Life, Death, and Exploration in the Abyss. Knopf, New York

Fenner, P. J., Williamson, John A. (1996): Worldwide deaths and severe envenomation from jellyfish stings, Medical Journal of Australia, 165 (11–12), 658–661

Fisher, D. O., Dickman, C. R., Jones, M. E., Blomberg, S. P. (2013): *Sperm competition drives the evolution of suicidal reproduction in mammals*, Proceedings of the National Academy of Sciences 110, 17910–17914

Gal, R., Kaiser, M., Haspel, G., Libersat F. (2014): *Sensory arsenal on the stinger of the parasitoid jewel wasp and its possible role in identifying cockroach brains*, PLoS ONE 9(2): e89683. doi:10.1371/journal.pone.0089683

Gebhardt, H., Ludwig, M. (2005): *Von Drachen, Yetis und Vampiren*, blv, München

Gilmore, D., Da Costa, C., Duarte, D. F. (2001): *Sloth biology: an update on their physiological ecology, behavior and role as vectors of arthropods and arboviruses*, Brazilian Journal of Medical and Biological Research, 34 (1), 9–25

Gilmore, D., Duarte, D. F., Peres da Costa, C. (2008): *The physiology of two- and three-toed sloth*, Sergio F. Vizcaíno und W. J. Loughry

(Hrsg.): The Biology of the Xenarthra, University Press of Florida, 130–142

Grassberger, M., Hoch, W. (2006): *Ichthyotherapy as alternative treatment for patients with psoriasis: a pilot study*, Evidence-based Complementary and Alternative Medicine, 3, Nr. 4, 483–488

Gron, K. (2012): *Primate Factsheets: Uakari (Cacajao) Taxonomy, Morphology, & Ecology*, Johns Hopkins University Press, Baltimore

Groves, C. P. (2005): *Order Monotremata*, Wilson, D. E., Reeder, D. M.: Mammal Species of the World: A Taxonomic and Geographic Reference (3rd ed.), Johns Hopkins University Press, Baltimore

Groves, C. P. (2005): Order Primates, Wilson, D. E., Reeder, D. M.: Mammal Species of the World: A Taxonomic and Geographic Reference (3rd ed.), 111–184, Johns Hopkins University Press, Baltimore

Grutter, A. S., Bshary, R. (2004): *Cleaner fish, Labroides dimidiatus, diet preferences for different types of mucus and parasitic gnathiid isopods*, Animal Behaviour, 68 (3), 583–588

Grutter, A. S., Bshary, R. (2004): *Cleaner wrasse prefer client mucus: support for partner control mechanisms in cleaning interactions*, Proc Biol Sci., 270 Suppl. 2, 242–244

Grzimek, B. (1984): *Grzimeks Tierleben. Enzyklopädie des Tierreichs*, Jubiläumsausgabe in 13 Bänden. Kindler, Zürich

Hamilton, W. J., Seely, M. K. (1976): *Fog basking by the Namib Desert beetle, Onymacris unguicularis*, Nature, 262, 284–285

Hammerson, G. A. (2007): *Phrynosoma cornutum, IUCN Red List of Threatened Species*, Version 2007, International Union for Conservation of Nature

Handwerk, B. (2010): *Male Fish Punish Unruly Females – And Benefit, Study Says*, National Geographic News vom 9.1.2010

Hayward, M. W. (2006): *Prey preferences of the spotted hyaena (Crocuta crocuta)*, Journal of Zoology, 270, 606–614

Hearst, M. (2014): *The Incredible True Story of the Blobfish*, Public Broadcasting Service vom 3.1.2014

Heiss, E., Natchev, N., Gumpenberger, M., Weissenbacher, A., van Wassenbergh S. (2013): *Biomechanics and hydrodynamics of prey capture in the Chinese giant salamander reveal a high-performance jaw-powered suction feeding mechanism*, Journal oft the Royals Society, DOI: 10.1098/rsif.2012.1028

Hindell, M. A., Slip, D. J., Burton, H. R. (1991): *The diving behavior of adult male and female Southern Elephant Seals, Mirounga leonina (Pinnipedia, Phocidae)*, Australian Journal of Zoology, 39 (5), 595–619

Holpuch, A. (2015): *Texas man hospitalized after bullet bounces off armadillo*, The Guardian vom 1.8.2015

Hough, A. (2010): *Blobfish: world's most ›miserable looking‹ marine animal facing exinction*, The Daily Telegraph vom 26.01.2009

Hummel, P. (2014): *RoboRoach: Smartphone steuert Schabe*, ZEIT vom 13.03.2014

Jönsson, K. I., Rabbow, E., Schill, R. O., Harms-Ringdahl, M., Rettberg, P. (2008): *Tardigrades survive exposure to space in low Earth orbit*, Current Biology 18 (17), 729–731

Kruuk, H. (1972): The Spotted Hyena: A Study of Predation and Social Behaviour, University of California Press, Oakland

LANUV NRW (2011): *Verwendung von Kangalfischen (Garra rufa) zu kosmetischen und therapeutischen Zwecken*, Rundschreiben an Landräte, Oberbürgermeister und den Städteregionsrat Aachen vom 29.09.2011

Libersat, F. (2003): *Wasp uses venom cocktail to manipulate the behavior of its cockroach prey*, Journal of Comparative Physiology, 189, 497–508

Ludwig, M. (2008): *Unglaubliche Geschichten aus dem Tierreich*, blv, München

Ludwig, M. (2010): *Invasion. Wie fremde Tiere und Pflanzen unsere Welt erobern*, Ulmer, Stuttgart

Ludwig, M. (2011): *Natur erleben. Monat für Monat*, blv, München

Ludwig, M. (2015): *Genial gebaut,* Theiss, Darmstadt

Ludwig, M., Gebhardt, H. (2007): *Küsse, Kämpfe, Kapriolen. Sex im Tierreich*, blv, München

Ludwig, M., Dempewolf, E. (2009): *Papa ist schwanger*, blv, München

Marshall, J., Oberwinkler, J. (1999): *Ultraviolet vision: the colourful world of the mantis shrimp*, Nature, 401 (6756), 873–874

Mayor, P., Mamani, J. D., Montes, D., González-Crespo, C., Sebastián, M. A., Bowler M. (2015): *Proximate causes of the red face of the bald uakari monkey (Cacajao calvus)*, Royal Society Open Science, 2(7), 150145, doi:10.1098/rsos.150145

McComb, D. M., Tricas, T. C., Kajiura, S. M. (2009): *Enhanced visual fields in hammerhead sharks*, The Journal for Experimental Biology, 212, 4010–4018

McIntyre, T., de Bruyn, P. J. N., Ansorge, I. J., Bester, M. N., Bornemann, H., Plötz, J. &, Tosh, C. A. (2010): *A lifetime at depth: vertical distribution of southern elephant seals in the water column*, Polar Biology 33, 1037–1048

Michiels, N. K., Newman, L. J. (1998): *Sex and violence in hermaphrodites,* Nature 391, 647

Miller, G. (2004): *A Wasp With a Taste for Brain*, Science News vom 12.08.2004

Morelle, R. (2010): *Meet the ›sabre-toothed sausage‹*, BBC News vom 05.05.2010

Moritz, G. L., Dominy, N. J. (2012): Thermal imaging of aye-ayes (Daubentonia madagascariensis) reveals a dynamic vascular supply during haptic sensation, International Journal of Primatology, 1(10), doi:10.1007/s10764–011–9575–y

N.N. (2009): *Physalia physalis, Portuguese Man-of-War,* National Geographic *vom 12.07.2009.*

N.N. (2015): *Armadillos, Armadillo Pictures, Armadillo Facts*, National Geographic vom 22.07.2015

N.N. (2015): Who, What, Why: What is skunk water? BBC-News-Magazine vom 15.09.2015

Nørgaard, T., Dacke, M. (2010): *Fog-basking behaviour and water collection efficiency in Namib Desert Darkling beetles,* Frontiers in Zoology, 7, 23

Nweeia, M. T. et al. (2014): *Sensory ability in the narwhal tooth organ system,* The Anatomical Record, 297, 4, 599–617

Oelrich, C. (2014): *Killer-Seesterne bedrohen das Great Barrier Reef*, Welt online vom 20.3.2014

Owens, G. L., Windsor, D. J., Mui, J., Taylor, J. S. (2009): *A Fish Eye Out of Water: Ten Visual Opsins in the Four-Eyed Fish, Anableps anableps*, PLoS ONE 4(6): e5970. doi:10.1371/journal.pone.0005970

Pal, M., Chaudhry, S. (2014): *Anabas testudineus. The IUCN Red List of Threatened Species*, Version 2014.2., *International Union for Conservation of Nature*

Park, T. J., Ying, Lu., Jüttner, R., Smith, E. St. J., Jing, H., Brand, A., Wetzel, C., Milenkovic, N., Erdmann, B., Heppenstall, P. A., Laurito, C. E., Wilson, S. P., Lewin, G. R. (2008): *Selective inflammatory pain insensitivity in the African naked mole-rat (Heterocephalus glaber)*, PLoS Biol 6(1): e13. doi:10.1371/journal.pbio.0060013

Patek, S. N., Caldwell, R. L. (2005): *Extreme impact and cavitation forces of a biological hammer: strike forces of the peacock mantis shrimp Odontodactylus scyllarus*, Journal of experimental Biology. 208, 19, 3655–3664

Pearlman, J. (2015): *Aggressive ›walking‹ fish is heading south towards Australia, scientists warn*, The Telegraph vom 02.06.2015

Petranka, J. W. (1998): *Salamanders of the United States and Canada*, Smithsonian Press Washington & London

Pettigrew, John D. (1999): *Electroreception in Monotremes*, The Journal of Experimental Biology, 202, 1447–1454

Pickering, S. P. C., Berrow, S. D. (2001): *Courtship behaviour of the Wandering Albatross Diomedea exulans at Bird Island, South Georgia*, Marine Ornithology, 29, 29–37

Piper, R. (2007): *Extraordinary Animals: An Encyclopedia of Curious and Unusual Animals*, Westport, Conn: Greenwood Press

Prosen, E. D., Jaeger, R. G., Lee, D. R. (2004): *Sexual coercion in a territorial salamander: females punish socially polygynous male partners*, Animal Behaviour, 67, 1, 85–92

Rajanathan, R., Bennett, E. L. (1990): *Notes on the social behaviour of wild proboscis monkeys (Nasalis larvatus), Malay Natural Journal, 44 (1), 35–44*

Rivera-Posada, J. A. (2012): *Pathogenesis of crown-of-thorns starfish (Acanthaster planci L)*,PhD thesis, James Cook University, Townsville

Robison, B. H., Reisenbichler, K. R., Hunt, J. C., Haddock, S. H. (2003): *Light Production by the Arm Tips of the Deep-Sea Cephalopod Vampyroteuthis infernalis*, Biological Bulletin 205 (2), 102–109

Rogers, A. D., Tyler, P. A., Connelly, D. P. et al. (2012): *The discovery of new deep-sea hydrothermal vent communities in the Southern Ocean and implications for biogeography*, PLoS Biology 10 (1): e1001234. doi:10.1371/journal.pbio.1001234.

Rossel, S., Corlija, J., Schuster S. (2002): *Predicting three-dimensional target motion: how archer fish determine where to catch their dislodged prey*, The Journal of Experimental Biology, 205, 3321–3326

Ruiz, L. A., Madrid, J. V. (1992): *Studies on the biology of the parasitic isopod Cymothoa exigua Schioedte and Meinert, 1884 and its relationship with the snapper Lutjanus peru (Pisces: Lutjanidae) Nichols and Murphy, 1922, from commercial catch in Michoacan*, Ciencias Marinas, 18 (1), 19–34

Schlitter, D. A. (2005): *Order Tubulidentata*, Wilson, D. E., Reeder, D. M. Mammal Species of the World: A Taxonomic and Geographic Reference (3rd ed.), Johns Hopkins University Press, Baltimore

Schröder, T. (2008): *Schiffsbohrwürmer: Die Termiten der Meere*, Spiegel online vom 23.06.2008

Schuster, S., Wöhl, S., Griebsch. M., Klostermeier, I. (2006): *Animal Cognition: How Archer Fish Learn to Down Rapidly Moving Targets*, Current Biology, 16, 378–383

Sherman, P. W., Jarvis, J., Alexander, R. (1991): *The Biology of the Naked Mole-rat,* Princeton, N. J., Princeton University Press

Sparks, J. S., Schelly, R. C., Smith, W. L., Davis, M. P., Tchernov, D., Pieribone, V. A., Gruber, D. F. (2014). *The Covert World of Fish Biofluorescence: A Phylogenetically Widespread and Phenotypically Variable Phenomenon*, PLoS ONE 9 (1): e83259. doi:10.1371/journal. pone.0083259.

Stewart, C. N. (2006): *Go with the glow: Fluorescent proteins to light transgenic organisms,* Trends in Biotechnology, 24 (4), 155–162

Taylor, W. A. (2011): *Family Orycteropodidae (Aardvark)*, Wilson, D. E., Mittermeier R. A. (Hrsg.): Handbook of the Mammals of the World, Volume 2: Hooved Mammals, Lynx Edicions, Barcelona

Thurm, V. (2002): *Der lebendigste Käse der Welt – Würchwitzer Milbenkäse: eine deutsche Spezialität*, Kayna u. a.: Kleefestverein Würchwitz 1851

Tian, X., Azpurua, J., Hine, C., Vaidya, A., Myakishev-Rempel, M., Ablaeva, J., Mao, Z., Nevo, E., Gorbunova, V., Seluanov A. (2013): High-molecular-mass hyaluronan mediates the cancer resistance of the naked mole-rat, Nature 499 (7458), 346–349

Veiga, L, Bowler, M. (2009): *Variability in Pithecine Social Organization. Evolutionary Biology and Conservation of Titis, Sakis and Uakaris*, Cambridge University Press, Cambridge

Vergne, A. L., Mathevon, N. (2008): *Crocodile egg sounds signal hatching time*, Current Biology, 18, 12, 513–514

Wade-Smith, J., Verts, B. J. (1982): *Mephitis mephitis*, Mammalian Species 173, 1–7

Wainwright, P. C., Turingan, R. G., Brainerd, E. L. (1995): *Functional Morphology of Pufferfish Inflation: Mechanism of the Buccal Pump*, Copeia, 3, 614–625

Weaver, J. C., Milliron, G. W., Miserez, A., Evans-Lutterodt, K., Herrera, S., Gallana, I., Mershon, W. J., Swanson, B., Zavattieri, P., DiMasi, E. (2012): *The stomatopod dactyl club: A formidable damage-tolerant biological hammer*, Science, 336, 1275–1280

Welsh, J. (2011): *Giant Rat Kills Predators with Poisonous Hair*, Live Science vom 2.8.2011

Wilson, D. E., Reeder, D. M. (2005): *Mammal Species of the World*, Johns Hopkins University Press, Baltimore

Wistuba, J. (2008): *Axolotl*, Natur- und Tier-Verlag, Münster

Zettel, J., Zettel, U. (2008): *Manche mögen's kalt: die Biologie des »Schneeflohs« Ceratophysella sigillata (Uzel, 1891), einer winteraktiven Springschwanzart (Collembola: Hypogastruridae)*, Mitteilungen der Naturforschenden Gesellschaft in Bern, 65, 79–110

Bildnachweis

S. 15: Shutterstock/Erni

S. 21: ullstein bild – image BROKER/Kurt Kracher

S. 37: ullstein bild – image BROKER/Thorsten Negro

S. 44: Getty Images – Mint Images/Frans Lanting

S. 47: Getty Images/Martin Harvey

S. 53: picture alliance – M. Harvey/WILDLIFE

S. 57: Getty Images/suebg1 photography

S. 60: Getty Images/Tom Brakefield

S. 65: picture alliance/WILDLIFE

S. 67: Shutterstock/Tomas Kotouc

S. 73: ullstein bild – CHROMORANGE/Nieveler

S. 85: ullstein bild – Reinhard Dirscherl

S. 93: Shutterstock/GSi

S. 101: Shutterstock/Beth Swanson

S. 107: Getty Images/Pete Atkinson

S. 111: Getty Images – The Sydney Morning Herald/Kontributor

S. 117: Getty Images/Joel Sartore, National Geographic Photo Ark

S. 123: picture alliance/WILDLIFE

S. 135: Shutterstock/Mircea C

S. 141: Getty Images – Wild Horizon/Kontributor

S. 145: picture alliance/Minden Pictures

S. 152: Gary M. Stolz/U.S. Fish and Wildlife Service under CC-licence

S. 155: Shutterstock/anossy Gergely

S. 161: ullstein bild – CARO/UIla Giesen

S. 164: Shutterstock/Jess Kraft

S. 175: Getty Images/Barcroft/Kontributor

S. 181: JJ Harrison under CC-licence

Die Community für alle, die Bücher lieben

Das Gefühl, wenn man ein Buch in einer einzigen Nacht verschlingt – teile es mit der Community

In der Lesejury kannst du

★ Bücher lesen und rezensieren, die noch nicht erschienen sind

★ Gemeinsam mit anderen buchbegeisterten Menschen in Leserunden diskutieren

★ Autoren persönlich kennenlernen

★ An exklusiven Gewinnspielen und Aktionen teilnehmen

★ Bonuspunkte sammeln und diese gegen tolle Prämien eintauschen

Jetzt kostenlos registrieren: www.lesejury.de
Folge uns auf Facebook:
www.facebook.com/lesejury